U0174466

那些我生命中的

飞 羽

鸟窝里的猫妖 著

商务印书馆
The Commercial Press

图书在版编目(CIP)数据

那些我生命中的飞羽/鸟窝里的猫妖著.—北京：
商务印书馆,2021
(自然感悟丛书)
ISBN 978-7-100-19340-5

Ⅰ.①那… Ⅱ.①鸟… Ⅲ.①鸟类—普及读物
Ⅳ.①Q959.7-49

中国版本图书馆 CIP 数据核字(2021)第 005986 号

那些我生命中的飞羽
鸟窝里的猫妖　著

商 务 印 书 馆 出 版
(北京王府井大街 36 号　邮政编码 100710)
商 务 印 书 馆 发 行
北京新华印刷有限公司印刷
ISBN 978-7-100-19340-5

2021 年 3 月第 1 版　　　　开本 880×1230　1/32
2021 年 3 月北京第 1 次印刷　　印张 10¾
定价:65.00 元

献给

我的兄长康大虎

以及

奋战在野生动物和生态保护一线的兄弟姐妹们

目录

第一部分 初见时光

第一部分

初见时光

或许以小孩子的见识，评判出的是非总有偏颇，然而

有很多行为是我至今也无法容忍的，比如盗猎，比如

虐待动物。

家燕

——年年岁岁来相见

"小燕子，穿花衣，年年春天来这里"，《小燕子》这首歌，大概我还在襁褓里的时候就在听了。伴随着它的还有窗外燕子的呢喃和麻雀的絮语。它的旋律我可能很早就记住了，然而我真正明白歌词的意思，大概是三四岁的时候。那个时候我家住在吉林省西北部一个城乡接合部的平房里，有大大的院子。爸爸妈妈抱着我坐在窗下，一个哼歌，一个就指着天上飞来飞去忙忙碌碌的小影子问我："宝宝你看这是什么呀？这是燕子呀。燕子好不好看呀？燕子叫得好不好听啊？"换来我懵懂的点头和呵呵傻笑。在我真正看清燕子之前，脑补出的燕子形象一直是穿着东北大花袄的鸟。在我看清它们以后，我只想说——这分明是黑背白肚皮，哪里算花衣嘛！顶多喉咙有点红而已。

虽然歌里唱的是"年年春天来这里"，但是东北的春天总来得晚些，四月中原大地遍地花开的时候，我们那儿的土才刚解冻不久。在我的记忆中，什么时候我家小院的花也开得姹紫嫣红了，我也换上花花绿绿的小裙子了，才能见到燕子那黑色的身影和剪刀状分叉的尾巴在我眼前高高低低地穿梭忙碌。而我，则抱着小画书，坐在窗前的小板凳上，看一会儿书，看一会儿燕子。那个时候，其实已经是夏天了。毫无疑问，燕子在东北是夏候鸟。

所谓候鸟，便是随候而行，寻找温度适宜、食物丰沛的地方生活。在北半球，候鸟便是秋迁南，春徙北。关于古人观察并验证燕子迁徙的故事，我听过两个版本：其一是春秋时期吴国的宫女将燕子的一条腿剪去，而第二年又看到这只没了腿的燕子；其二是南朝宋国的名妓姚玉京将红线系于燕腿，来年又再相见。初听时只觉得这吴国的宫女简直讨厌，

那些我生命中的飞羽

还是宋国的名妓慈悲。

我不太清楚我家房檐下的那一溜泥窝是从我几岁的时候开始有的，兴许在我出生前就有了。只知道从我记事起那里就有一溜灰不灰黄不黄的泥，每年春天我爸拿油毡补房顶的时候，都会很小心，怕把它们碰坏。饶是如此，夏天来时，还是能看到燕子四处衔着泥和草在原来的那一溜泥窝上贴贴补补。泥窝修补得差不多之后，它们就会去找软草。再之后，它们梳理羽毛时会有意啄一些绒羽下来，我时常能看到它们满嘴的白毛。但是那些白毛并不四散飘飞，而是被它们用唾液黏在了泥窝中的软草上。此间它们还会收集些鸡窝里飘落的鸡毛之类的东西。我曾好心好意抠出了一把棉花捧在手里献上去，直到我举得手酸，它们也未垂青眼。无奈，我又把棉花塞回了棉袄里。

装修的喧闹大概只有一个星期左右甚至更短，很快它们就安静下来。懵懂的我还不能理解现在我们称之为"污"的交配行为。甚至因为被勒令不准打扰它们，我都不知道燕子的蛋长什么样子。只知道这种安静的日子大概会持续两个星期多一点，我便能听见那个灰不灰黄不黄的泥巢里传出新的吵嚷声，软软的，轻轻的，就像我奶声奶气地喊"妈妈我饿了"时一样。

我虽然不能搬个梯子上去偷窥，但是当亲鸟带着食物飞回来时，能看到小燕子讨食急得从窝里探出头甚至半身来。四五个小家伙把黄黄的嘴巴张得老大，脖子伸得老长，喉咙到腹部是污白色的绒毛，跟它们父母腹部那雪白雪白的羽毛不太一样。

大约三个星期，这帮小家伙就长得跟它们的父母几乎一个样了，也能跳出来，在窗下蹦跶。每年这个时候，我爸都会把鸡关在笼子里不让它们出来玩，怕它们把落在地上还飞不高的小燕子吃掉。用不了几天，小燕子就能飞得像它们的父母一样自如。我和笼子里的鸡只有羡慕的份儿。

人的成长总是比鸟要慢上许多，但是人还是个六七岁的小孩子的时候就可以上房揭瓦。等我到了可以上房揭瓦的年纪，虽然仍被勒令不许在燕子孵卵的时候爬到旁边看，但是机智如我会另辟蹊径来满足好奇心。比如，我偷了老爸的望远镜，爬到了小院另一角的仓库房顶，居高临下偷窥燕子窝。而燕子们对我这种偷窥行为采取了容忍的态度，大概是燕在矮檐下，也不得不低头。

那是我头一回看到燕子孵卵。虽然我还分不清家燕的雌雄，不过我爸告诉我燕子都是妈妈在孵卵，爸爸在外面找吃的，所以我就权当留在巢里的一直都是燕子妈妈。

它也不是一直趴在窝里的，过一会儿就会起来动动，梳梳羽毛，吃点燕子爸爸带回来的虫，或者方便方便。瞅准这个空当，我看见它身下圆圆的白花花的卵。因为离得远，我也还年幼，对大小没什么概念，只是觉得一粒一粒的很精致可爱。

待到雏燕出壳，我却慌了。因为刚出壳的小燕子是暗暗的肉色，光秃秃的没有毛，我在望远镜的视野里甚至看不清它们（因为镜片被我油乎乎灰扑扑的小脏手按得都是指印）。而在那之前，我见到的幼鸟只有毛茸茸的小鸡仔，出壳之后就可以到处乱窜的小鸡仔才符合我心目中小鸟的形象，而我见过的小燕子也是已经长了羽毛的幼鸟。

　　　　　　　　　　　　　　　　那些我生命中的飞羽

"它们是不是生病了？会不会死？"这样的念头折磨着我幼小又脆弱的心灵。当时别说手机，我家连电话都没有。幸得我爸教书的中学离家里只有不到一公里的距离，我当时也算是使出了宇宙洪荒之力，爬出大门就往我爸单位跑，居然还被我成功地找到了他的办公室，推门就喊："爸！你快回家吧！小燕子要不行了！"然而尴尬的是我爸当时在监考，办公室里只有一个平常我觉得很凶的伯伯留守，他被我吓了一跳，然后哭笑不得地拿了很多糖果让我边吃边等。悲剧的是我爸监考完之后直接回了家，而伯伯和我在办公室傻傻地等了很久，终于他老人家决定还是把我送回家比较好。这是一个明智的决定，因为我爸妈下班回家发现孩子不见了急得团团转差点儿报警。这件事最终的结果是 —— 我破天荒地被打了一顿屁股，望远镜也被没收了，哭得也顾不得小燕子的死活了。

　　当然，第二天我爸就做了红焖大虾给我吃，抱着我一边承认错误一边安慰我小燕子刚出壳的时候就应该是那个样子的。当然，我爸作为一个文科生，还是讲不清楚早成鸟和晚成鸟的区别，只能朦朦胧胧说个大概。而我一边抱着大虾啃得满嘴流油，一边记住了这个世界上有很多鸟出壳的时候是没毛的，软趴趴的，连眼睛都睁不开的，要靠父母喂大虾 —— 哦，不，是喂食的。

　　你看，作为一个合格的吃货，我不仅惦记着自己要吃饱，还惦记着燕子们要不要尝尝红焖大虾。然而燕子们像当初无视棉花一样继续无视了我偷偷丢在地上的红焖大虾，最后那些虾全便宜了鸡。愁得我爸语重心长地跟我讲家里吃顿虾是多么地不易。我问我爸，那燕子吃什么呀？

我爸说它们吃蚊虫呀。我问，该怎么给它们找蚊子来吃啊？我爸想了想，在窗下放了一盆水。这回燕子们倒是吃上食堂了，我妈被蚊子咬得跳脚，而我爸和我都是不招蚊子待见的那种人。最后在我妈的强烈抗议下，水盆被取消了。燕子的生活却好像丝毫没有受影响，就如同那盆水从未出现过一样。

后来我们搬到了楼里住，没有了院子，没有了鸡，也没有了燕子。然而我的目光只要捕捉到空中翩然而过的身影，就情不自禁地想看它们会落在哪里。有时，它们只是落在窗外的电线上，有时，我可以追着它们一直寻到它们的巢。

很多小孩子都会得意于自己找得到鸟巢。然而有些小孩子觉得把小鸟掏出来更令人得意，为此，我没少和小朋友打架。我还记得打得最凶的一次是邻居家的小男孩掏了一窝小燕子，又在我面前把它们弄死了，我当时几乎是失去理智地把他打倒在地，又把出来劝架的所有人都打了个遍，包括他的家长，更加身体力行地做到了见他一次打他一次，以至于他们最后不得不搬家了事。打架是非常不好的行为，这是我的黑历史。可是无论我怎样发泄我的愤怒，死去的小燕子终究是不能活过来了。时至今日，我仍然能想起它们的惨状，想到时仍然会心悸难平。当时的我哪里有什么生态意识，我连最基本的生态学常识都欠缺，充其量知道个"食物链"。我只记得父母告诉过我它们受了伤也会疼、知冷暖、知饥饱、会生气、会害怕，如果它们死了，它们的父母会伤心，就如同我走丢了我父母会心急如焚一样。父母待它们如友，我亦待它们如友。朋友有难，我即便无力施援，亦当仗义执言。

那些我生命中的飞羽

记得当时家里刚刚买了电视机,电视剧里时常出现"鱼翅""燕窝"之类的词,听上去很了不起的样子。我问妈妈什么是鱼翅燕窝。我妈说:"就是鱼鳍和燕子的窝。"我想了想鱼鳍全是骨头,还有燕子那灰不灰黄不黄的泥窝,搞不明白吃这些玩意有什么好得意的。当时没有互联网,我的世界里只有家燕这一种燕子,自然不知道这个世界上还有金丝燕,更不知道光雀形目燕科的鸟类世界上就有 20 属近 80 种,我国有 4 属 10 种。

直到小学三四年级的时候,我才知道,燕窝是金丝燕用唾液筑成的巢,还知道了"毛燕""白燕""血燕"的区别,只感到心痛。且不说燕子的口水是否真有那些所谓的药效,单说人为了虚荣,当真可以残忍自私至此。那时还发生了些别的事,我开始见识到这个社会上存在的一些不良的甚至是罪恶的行为,也逐渐形成了自己的是非观,或许以小孩子的见识,评判出的是非总有偏颇,然而有很多行为是我至今也无法容忍的,比如盗猎,比如虐待动物。

当我发现,城市里的燕子越来越少,只有到野外的江面湖面才能看到它们时,免不了黯然神伤。我开始想为它们做点什么,决不再仅仅是报仇雪恨之类。我开始经常往松花江边跑,或是央求我爸骑摩托带我去更远一点的查干湖,在那里我们可以看一整天鸟,虽然绝大多数都不认识或者认错了,但是看它们飞着游着的样子,便觉得满足。

后来我来北京读大学,有了点野外生存能力,便开始尝试着爬北京周围的山,然后尝试着去稍微远一点的保护区。再之后就一发不可收拾。我见到了崖沙燕、岩燕、金腰燕、毛脚燕,还有跟燕子长得很像但其实亲缘关系很远的雨燕。自然，还有很多很多别的鸟 —— 比如真正穿着花衣的八色鸫、蜂虎等等。然而每次，有那些长着剪刀尾的小黑影从我身边一闪而过时，我还是会不自觉地唱起"小燕子，穿花衣，年年春天来这里……"

那些我生命中的飞羽

我的大白鸡

—— 谢谢你们陪我度过童年

我的大白鸡是最普通不过的家禽了。

我刚刚记事的时候，母亲单位逢年过节都会发给每个职工一只白羽鸡，活的。然而我们全家上至三十多的爹妈下至三四岁的我，没有一个人敢杀鸡。我父亲虽然当过两年义务兵，但是他本质上仍然是一个多愁善感的文弱书生，而且家里面最不舍得杀那些鸡的就是我父亲。因为正好有个院子，所以那些鸡全被我们养了起来。虽然家里两个能挣钱的劳力都薪资微薄，但还不缺喂鸡的那点儿米粮。最开始的时候没什么，但是攒着攒着这些鸡就越来越多，到最后竟然攒了十几只。眼瞅着原来草草垒出来的一个小笼子不够用了，我父亲干脆把1/3个小院儿都划出来给了它们。因为这些鸡并不是我们从小养大的，所以多少对我都还有些防备，但很快，它们就能认出谁是它们的衣食父母，也就越发跟我们亲近起来。

当它们不再怕我的时候，每天我都会打开笼子让它们到大院子里散一会儿步。而我就搬着小板凳坐在角落里，看着它们东啄西啄。每只鸡吃东西的时候都是很认真的表情，偶尔有几只格外友善的，会慢慢踱到我身边，就在我的脚边吃米或者地上的小虫子，甚至还会有一两只好奇地来啄我的裤脚，或者试图抢走我拿在手上的小画册。当它们对我表示出好奇的时候，我就会趁机摸摸它们的脸颊和鸡冠。那是一种很奇怪的触感，它们的脸上有一片没有羽毛的地方，可以直接摸到皮肤，热热的摸着很舒服。有的鸡会在我伸手的时候躲开，但是也有那么几只会享受我的抚摸。小的时候没有那么多词汇量，现在想来，那是一种岁月静好的状态。有它们在，即使我父母都出去上班了，留我一个人在家我也不会觉得寂寞。

那些我生命中的飞羽

有一天，我母亲上班去了，家里只有父亲和我。我一个人在外面正跟鸡玩的时候，不知道谁家淘气的猫跑到我家院子里，一进来就想抓鸡。小鸡们平常没有见过这样的阵仗，吓得东飞西跑。那时候我才真正领略到什么叫鸡飞狗跳……啊，不，是猫跳。万幸我当时还没有吓傻，还知道大声喊："爸爸，快出来，有猫进来了，要吃鸡啦！"父亲闻声从屋里冲了出来，先是试图把那只猫赶走，失败了，我又拿了一个大筐试图把猫扣住，还是失败了。但是猫忙着跟我们父女俩周旋，暂时没空再理那些鸡。好几只鸡居然很聪明，知道跑回自己的窝，只有那么两三只还在外面，像没头苍蝇一样到处乱撞。父亲当时又从墙角抄了一把大扫帚，把猫赶开。大概是感觉到我们态度的强硬，那只猫最后也怂了，一边呜呜叫着，一边退到另外一边的墙角。这时候我赶紧把还在外面的几只鸡全都抓住，扔回鸡棚。猫看看没什么好处可捞终于跑了。我最后一清点，发现居然少了一只鸡。因为当时我刚会数数，我怕自己数错，又重新数了一遍，还是少了一只。我心想，全程我都在旁边看着，应该不会有小鸡被抓走吃掉啊。正在我百思不得其解的时候，邻居大叔的声音从隔壁传来："这是谁家的鸡啊？掉我家油坑里了。"我一想坏了，肯定是我家的。于是我赶紧跑出鸡棚，还没忘了把鸡棚的门锁上，然后大喊："叔啊，我家的我家的！"隔壁大叔哭笑不得地把鸡从油坑里捞出来，隔着墙递给我父亲。我们俩一看，呵，这小东西满身的油污，已经从白鸡变成黑鸡了。我当时就急了，问："叔叔，我家的鸡会不会死呀？"叔叔说："我捞它的时候，它头还在外面，应该不会死，但是这个油在身上有没有毒我也说不好。要不这样吧，我再给你们点儿汽油，你们拿汽油给它洗个澡。"

父亲和我赶紧过去又接了点儿汽油回来。然后父亲打了些温水又拿了肥皂，我们俩开始给鸡洗澡。

我们先是拿汽油把它身上的那些石油全部溶掉，然后又拿肥皂给它好一顿揉搓把汽油洗掉。揉着揉着父亲突发奇想："你说咱俩要是把它这羽毛都剃光了行不行？"然后还没等我回答，他又赶紧把自己的提议给否决了，说："嗯……剃秃了之后可能会冷死吧，还是算了。"我们两个又赶紧拿温水给它洗了两遍，但最后还是没有把那些石油彻底洗掉，所以这只鸡也并没有变回一只雪白的鸡，而是变成了棕褐色。好在它身上并没有那些黏糊糊的疑似有毒的石油，我们还是很开心的。然后我跟父亲说："爸爸，你继续看书吧，我在外面陪它一会儿。"父亲答应了，拿了个大毯子把鸡裹住放在我怀里，他就去忙着备课了。

到了傍晚母亲快回家的时候，那只鸡身上的羽毛才将将地干了，也精神了不少，我把它放回了鸡窝里。这时候我才觉得自己的两条大腿外侧都有点儿痒。一开始我还没有放在心上，结果后来越来越痒。我实在受不了了，跑到屋里卷起裤管一看：嚯！我两条腿上都是密密麻麻的小红疙瘩。我当时真的被吓坏了，赶紧跑去告诉父亲，父亲看到也是大吃一惊，略一琢磨，一拍大腿跟我说："坏了，你该不是让鸡身上的跳蚤给咬了吧。"那时候我还小，家里那个最大的盆可以给我当澡盆，于是父亲赶紧烧热水，让我在里面彻彻底底洗了好几回，又把我的衣服拿出去用肥皂水泡上。等母亲下班回家看到的就是我穿着新衣服，然后不停挠着自己的腿。本来我还想把这事给隐瞒过去，后来实在是痒得不得了，在母亲强硬地把裤管掀起来并看到我那两条触目惊心的布满小红疙瘩的

　　　　　　　　那些我生命中的飞羽

腿之后，此事当然就败露了。于是我们父女俩只好拼命地解释这事不赖我们，全赖那只猫。当然，猫早就被赶走了，所以也只能不了了之。只不过从那之后，我对于抱鸡这个动作，产生了一点小小的心理阴影。

在我七岁那年，我们家从平房搬到了楼房，家里攒了 18 只鸡，全都送到了农村的姨姥姥家。姨姥姥知道它们是我心头的宝贝，当然也不会亏待它们。然而我身边一下子没有了这些动物朋友的陪伴玩耍，突然感觉心里空落落的。除了每天傻乎乎地看头顶飞过的麻雀和燕子解馋之外，就只能经常往农村跑，找我的小鸡们玩。当然，姨姥姥家不只有小鸡，还有鸭子、鹅、牛、驴、狗、猪。幸运的话，还能在柴堆里发现做窝的黄鼬，就是俗称的黄鼠狼。每次我去，都可以跟它们玩得非常开心。

后来，那些鸡慢慢地都老了，走了。姨姥姥家里的猪啊狗啊驴啊什么的也换了一批又一批。我突然又开始不太敢过去。因为从一开始我就知道其他那些鸡鸭鹅都是养来吃肉的，我并不敢跟它们多做交流，怕一旦交流就再也没办法面对它们会被我们杀了吃肉的事实。满地乱跑的小家伙里，再也没有我真正的朋友，我的朋友都已经不在了。这是何等让人伤感的事情。

小学六年级那年，学校门口来了几个小商贩。他们用箱子装着一些刚出壳的小鸡雏在叫卖。小鸡雏都被染得红红绿绿的，我知道那不是它们本来该有的颜色，看了之后觉得很心疼。身边的同学出于有趣，纷纷掏钱去买，我本来不想买的，因为那个时候父母已经工作很忙了，我的学业也开始变得很重，课外活动还多，并没有足够的时间和空间去照顾它们。可是最后我终究还是没有抵抗住想要身边有一只小鸡陪伴的诱惑，掏出五毛钱买了一只。我把它小心地捧在手里，一路上都在思索着回家怎么跟父母交代——我事先没同他们商量就买了一只小动物回来。这或许会成为一个麻烦。

等我到家的时候，母亲已经下班回家了，我其实还什么方案都没有想出来，小鸡那嘤嘤的叫声就已经把我出卖了。我低着头，不知道该怎么解释，只好准备迎接母亲的各种抱怨。出乎意料的是，母亲并没有表示出任何的不满，只是把那只小鸡从我手上轻轻接了过去，捧在手里端详了一会儿，然后又从厨房里找到一个空纸盒，往里面垫了很多卫生纸，把小鸡放了进去。母亲捧着纸盒重新回到我面前问我："你买了，它就是你的，你愿意好好照顾它吗？"我说："我愿意，而且我保证能照顾好它。"母亲于是把头一点，说："养着吧。"我当时真是乐疯了，赶紧就奔厨房去给它找小米。

看着我把小米直接倒进一个小瓶盖儿里准备喂小鸡，母亲赶紧拉住了我，跟我说这么小的小鸡还不能直接吃生米，要把小米用开水烫过，再晾凉才能喂它，否则它不能很好地消化，会死的。我就赶紧跑到厨房去找开水，把小米泡得外面一层都软软的了，才小心翼翼地端到小鸡面前让它吃。一开始，小鸡一脸懵懵的并不知道该怎么吃，我用手指沾了几粒米放在它嘴边，看着它本能地张嘴把米吞进去，紧接着它就非常聪明地知道去啄那个瓶盖里的小米了。我当时喜出望外，问母亲："这样就可以了吗？"母亲说："当然不行，你忘了之前咱们养鸡都是养在院子里吗？小鸡还需要晒太阳，而且它还需要吃小虫子。"

从第二天开始，我每天带着小鸡到楼下的草坪上，一边让它散步，

那些我生命中的飞羽

一边给它捉各种虫子吃。它真的很快就开始把我当成它妈妈了,几乎是寸步不离地跟着我,哪怕我从不特意约束,它也绝对不会离我太远。而且只要我站起来走动,它就一定会赶紧跑过来跟在我脚边。很多时候我都要小心不要把脚抬得太高,不然会踩到它。它几乎什么都吃,不管是它自己好奇啄下来的草籽草叶,还是我给它抓的蝗虫、蟋蟀,还有我从小朋友那里学会的拿草叶钓上来的虎甲幼虫,它都来者不拒。当然,虎甲属于掠食性昆虫,对农业和林业都有益,钓虎甲并不是一件很好的事情,现在的小朋友们可千万不要模仿。

　　大约是它的正羽开始生长的时候,有一天,不知道为什么它突然站不起来,而且开始抽搐,还拼命地往后仰。当时不知道该怎么形容这种症状,现在我知道了那个状态叫作"角弓反张",是一种中毒或者急性传染病可能引起的症状。我当时吓哭了,然而我家附近并没有值得信赖的兽医站,我只能哭着问母亲应该怎么办。母亲当机立断开始给它大量灌水。灌了差不多二十几毫升的时候,它突然开始呕吐,身体也越来越凉,把母亲和我都吓坏了。但是我们没有放弃,看见它还神志清醒,我们又给它重新灌了一些水。这次它不再呕吐,过了一小时之后,我们眼见着它的状态越来越好,最后彻底恢复了正常。母亲和我也终于松了一口气。等父亲下班回家的时候,我们两个心有余悸地把这件事情跟他说,父亲还一本正经地猜测了很多原因,比方说是不是小东西跟我在外面玩太长时间中暑了之类。当然,我们没有任何证据可给它确诊,唯一庆幸的就是它总算是死里逃生了。母亲说:"大难不死必有后福,以后就叫它'乐呵'吧。"

慢慢地乐呵长成了一只英俊秀美的小白鸡。很快，母亲单位分的新房子可以住人了，我们欢天喜地搬了家。新家有一个特别大的阳台，大概5米长，1.5米宽，而且贯通两个卧室。父亲看了阳台之后就开始征询我们的意见，问可不可以把这个阳台全都给乐呵用。我当然是举双手赞成，母亲稍微犹豫了一下也同意了。于是父亲就开始在阳台里折腾起来。他从外面买了好多的沙子铺在阳台里，让乐呵可以在里面随便怎么扑腾都不会伤脚，还可以洗沙浴。然后他又叮叮当当地自己打造了几个浅浅的方形大木盆，里面种上青草和麦苗，让乐呵可以想吃多少吃多少。这个五米多长的大阳台就变成了属于乐呵的小房间。后来父亲还在里面放了两大盆石榴权当遮阴。我们隔三差五地去野地里弄点儿虫子扔在那几盆草上，让乐呵捉着玩。

其实乐呵的活动范围并不只局限于阳台，我们经常会把阳台门打开，让它满屋子乱溜达。乐呵也是真的不见外，基本上到哪儿都是一副家主的风范。它会把我的小兔子拖鞋当成假想敌，竖起脖子上的羽毛跟拖鞋搏斗一番。过一会儿感觉有点儿累了，就一副雄赳赳气昂昂的胜利者的姿态回到我这里求我抱。只要我一伸手，它就会跳到我的小臂上来。我可以这样擎着它看书或者看电视。它尤其喜欢和我一起看《动物世界》，每当电视上有什么鸟类的镜头闪过，它都会非常兴奋地站起来跟着一起拍翅膀。它好像并不喜欢其他的鸡，反而很喜欢鹤，只要有一些丹顶鹤或者白鹤的镜头，它会立刻从我手上飞下去，跑到电视前面目不转睛地看。别人都说鹤立鸡群，我们家的鸡似乎有鸡立鹤群的愿望。然而终归是隔着一个电视屏幕不能成行。

因为只养了一只鸡，所以乐呵可能感觉很孤独，很需要人陪。尤其是早上天一亮，它就会跳到我睡房外面的那个小窗台上，咚咚地敲窗户催我起床陪它玩儿。而晚上我放学回家的时候，只要走到阳台门旁，肯定能看到它焦急地等待我开门的样子。而只要我一把阳台门打开，它就迫不及待地飞出来跳到我身上，求抱、求摸、求亲亲。是的，它会亲亲，会轻轻用喙来碰我的嘴唇。虽然这样并不卫生，但我实在也抗不过它可怜巴巴的小眼神儿。

乐呵还是一只馋嘴的小鸡。还记得有一次，我正把它擎在手上看电视，母亲在厨房做饭，可能是一不小心把一些鸡蛋渣或者别的什么东西掉到了地上，被眼尖的乐呵看到了，它"噌"的一声从我手上跳下去，飞速往厨房跑。然而因为我书房里面铺的是地板革，客厅和厨房铺的是瓷砖，两者的摩擦力不太一样，它没做好心理准备，结果刚跑进客厅就一屁股滑倒在地上。此情此景，让母亲和我笑得腰都直不起来了，而它似乎也知道自己出了个丑，赶紧跳了起来左看看右看看，然后也顾不得地上的那些鸡蛋碎了，灰溜溜地跑回了阳台。

有时候我们吃饭时如果忘了关阳台门，乐呵也会跑到餐桌旁边凑热闹。不过它非常有礼貌，并不会飞到桌上乱啄一气，最多只是飞到我腿上，然后用一种乞求的目光看着我。因为我们吃的菜里面经常会有很多的油和盐，并不适合给它吃，所以我一般也就硬着心肠在它面前大啖美味。它等一会儿发现讨不到什么好处也就忘了这回事，一般就顺势趴在我腿上睡着了。当然，吃完饭之后我总会补偿性地多喂它几只虫子。不知道它怎么理解我的行为，不过看上去它似乎从无不满。

这种岁月静好的日子其实也没有持续太久。我上初一的时候，乐呵也变成一只成年的公鸡。它开始打鸣，而且声音还很大，我们屡次接到邻居的投诉，不得已，只能再次把它送到农村的姨姥姥家。姨姥姥还是一如既往地欢迎我的朋友。然而乐呵因为从小跟我一起长大，对于其他的家禽没有什么印象，所以跟姨姥姥家的土著小鸡们根本就玩儿不到一块儿去。我每个星期都会去姨姥姥家，顺便也是找它玩儿。姨姥姥跟我说，它一开始先是跟土著鸡群大打了一架，发现谁也讨不了好之后，它并没有妥协跟它们成为朋友，而是跑到了狗窝里，跟家里的大狼狗睡在了一起。那只狼狗平常对鸡并没有格外的友善，对它却格外有所不同。两个家伙经常窝在一起睡觉、玩耍，连吃食都在一起。每每有生人来时，大狼狗因为被拴着，只能干嚎，这时候乐呵就会像离弦的箭一样飞到门口去，虎视眈眈地看着它认为的入侵者。当然它并没有飞出去攻击人，然而一旦有人未经允许进入，它就会立刻起脖子上的羽毛，变成一只战斗鸡。

　　每次我去的时候，它也是像箭一样扑过来的，只不过是停在我手上，把头靠在我胸前，还是老样子，求抱、求抚摸、求亲亲。后来又听姨姥姥说，每天晚上它会跑到窗台上，跟人一起看电视，什么时候节目演完了，电视关了，屋里的人熄灯睡觉了，它才心满意足地回狗窝去，睡在狗狗的怀里。然而因为我上初中之后学业繁忙，很少再在姨姥姥家过夜，所以这样的情景我并没有亲眼看到。每次听姨姥姥和表舅舅们把它夸得神乎其神，我都带着不自觉的骄傲。

　　我初三那年，一次突如其来的禽流感带走了姨姥姥家很多家禽的生命，其中就有乐呵。它死的那天，姨姥姥并没有告诉我，是我考完试去

　　　　　　　　　　　　　　　　　　那些我生命中的飞羽

她家玩的时候才知道这个消息，那已经是乐呵死后四五天的事情了。姨姥姥说怕影响我上课，没敢跟我说。她把乐呵埋在院子的角落里，和我之前的那些小鸡们在一起。又过了两年，姨姥姥家的那只大狼狗也去世了，有村里人厚着脸皮过来想要分狗肉，被我大舅赶了出去。后来我们把那只大狗埋在了乐呵身边，它们又可以做伴了。

因为工作的原因，我其实很少去脑补动物们的思想，更多的时候，我是在客观地分析它们的行为。然而和动物相处多了，我又时常觉得其实它们是懂事的，很多东西它们都知道，只是说不出来而已。

白腰文鸟和文鸟

——"萌团子"历险记

喜欢看日剧或动画片的朋友，可能经常会看到白嫩得像麻薯一样的文鸟，或趴在饲养者的手里，或安静地站在枝头，它们雪白的羽毛、红彤彤的喙为日式庭园里的绿树流泉木柱纸门增加了一抹灵动的安逸。

现在专门被人工培育做观赏鸟的文鸟，其祖先是野生的爪哇禾雀，原来只分布在爪哇岛和巴厘岛，后来被广泛引入到南亚和东南亚，我国境内也有逃逸个体形成的零星种群。它们在原产地的野外种群已经濒危，但是其人工种群现在基本上已经遍布了全世界，还被培育出了各种不同的色型，可以说是人工繁育和饲养技术都非常成熟的一种观赏鸟，也是我国为数不多的可以合法饲养和买卖的观赏鸟之一。

在野外看到爪哇禾雀不太容易，但是在我国南方要看到白腰文鸟还是挺容易的。白腰文鸟在我国南方多地都是留鸟。它们长着棕色的背部羽毛、白色的腰和米色的腹部，有厚厚的锥状的喙。它们出没于农田间、草地上，还有城市公园的绿化带里，基本上哪里能找到草籽谷物，哪里就能看到白腰文鸟。而且它们并不喜欢单独活动，经常会结成小群，尤其是刚刚离巢的幼鸟，它们非常没有安全感，更喜欢跟自己的兄弟姐妹挤在一起。我们经常会一次看到一排排的白腰文鸟站在树枝上，一大串儿挤挤挨挨地把树枝都压弯了，那画面非常喜感。

白腰文鸟的巢并不是我们常见的那种碗状巢，而是一个用细草编织出来的球形或者瓶子的形状，悬在树枝上。巢的开口往往在侧下方。白腰文鸟通常一次可以产4到6枚卵。雌雄轮流孵化。有研究人员目击过，当危险发生的时候，白腰文鸟甚至可能把蛋夹在自己的身下转移走，但这可能不是有意识的转移，只是被惊飞时恰好将蛋带了出来。它们的雏

　　　　　　　　　　　　　那些我生命中的飞羽

鸟为晚成鸟，需要靠父母来喂食。不过它们的整个繁殖期也非常短，从筑巢到幼鸟离巢大概只用一个半月的时间。有些地方的白腰文鸟一年可以繁殖两三次。

我跟白腰文鸟有过那么一面之缘，真的是一"面"之缘。

有一次我去浙江桐庐玩，久闻那里湖光山色美不胜收，很适合在细雨中漫步林间。赶巧了，我上山那天正微微下着些小雨，一路也不太热，温润的空气拂面而来，把翠竹的香气也吹入毛孔。下山的时候我在竹林里歇了一会儿，正巧发现地上有一只不认识的某种蛾的幼虫，翠绿翠绿的，身上还长了很多的小绒毛。它在石板路上扭搭扭搭地爬着，非常可爱，我就开始跟在它后面慢慢往前蹭。刚刚蹭下几级台阶，突然觉得脸上一疼，有什么东西砸了过来，而且又从我脸上弹了出去，正好掉在旁边浅浅的水坑里。

说实话，我当时着实懵了一会儿的，第一反应是上面的小路上有淘气的孩子往下扔东西，可是抬头望去并没有人影。定睛往小水坑方向一看，才发现是一只刚离巢的白腰文鸟幼鸟，显然它也吓了一跳，在水坑里仰天躺着没有反应。幸好那个水坑只是下雨积出来的小小一摊，并不太深，就算它躺得四仰八叉也不至于被淹死。我赶紧过去把它捞了上来。它一副"我是谁？我在哪儿？你要干什么？"的表情，愣愣地看着我，但是没有挣扎，就那样乖乖地在我手心里缩着。我赶紧掏出随身携带的纸巾，把它湿透的羽毛擦了又擦。但纸巾毕竟不能把它完全擦干，那些羽毛一直湿哒哒的。没有办法，我只好把它塞进 T 恤里用我的体温为它保暖。而且衣服里的环境基本上不透光，它看不见外面，也可以一定程度地减轻应激。

　　我就这样揣着它蹲在路边待了差不多一个小时，其间时不时趁着没人的时候顺着领口往怀里看一眼。初时它惊魂未定，瑟缩着，半闭着眼喘着粗气，后来大概是慢慢反应过来发生了什么，开始在我腹部不耐烦地挣动。我连忙把它掏出来。它歪头看了看我，便以迅雷不及掩耳的速度从我手上逃掉了。不过它并没有飞远，只是飞到了离我五六米的石壁上，回头看了我一会儿。我朝它摊了摊手，表示刚才真的是一场意外，而且，我虽然没有赔偿它什么，但是好歹也采取了补救措施，双方都没有什么太大的损失，就这样扯平吧。它又歪了歪头似乎同意了，这才真正飞走。当然，我知道它其实并没有听懂我在说什么，只不过从我的诸多举动里，大概也能体会到一丝丝的善意。

　　说来我小时候倒是的确养过一对人工繁育的文鸟。

　　有天我和妈妈去逛街，在市场的角落里看到有一个人面前摆了几个小笼子，里面大部分是虎皮鹦鹉，只有一个笼子里面是几只白白的小鸟，红色的短粗的喙，看起来和鹦鹉画风完全不一样。摊主告诉我说那叫十姐妹，很容易养，喂小米就行。那时候我刚刚把家里的鸡送到农村去，正是心里没着没落的时候，就央求妈妈给我买了一对。当时我跟老板说，帮我挑一只公的和一只母的。老板满口答应，从里面挑了两只，放在另外一个新的笼子里交给了我，我就欢天喜地地领着它们回了家。

　　那个时候还没有互联网，我也没有别的渠道知道它们应该住在什么样的窝里，笼子里面原来带着一个方形的箱式巢，我也就没有再换。我给它们两个取了名字，大一点儿的那只叫"小弟"，小的那只叫"小妹"——

因为我当时一直以为男孩子一定会比女孩子大一些的。

它们两个一点儿都不怕人，而且很快我就发现，它们应该是开始认识并且喜欢我了。因为当我靠近笼子给它们添食换水的时候，小弟小妹就会赶紧蹦到我跟前，隔着笼子蹦到离我比较近的位置，然后轻轻啄我的手指。我当时也觉得那个笼子太小了，它们俩活动不开，于是突发奇想把笼子门打开。当时我想反正房间门是关好的，如果它们乱飞乱撞大不了我再把它们抓回笼子，然后过几天再换个大的。没多久，小弟小妹开始好奇地蹦到笼子边上往外面张望，倒是没有急着飞出来。我在外面拿手指逗逗它们，小妹先飞了出来，在外面蹦蹦跶跶看着环境，接着小弟也紧跟着飞了出来。小弟出来就直接飞到了我的肩膀上，因为当时家里并没有什么其他的动物，房间对它们来说非常安全，所以之后我就放任它们在屋子里面随便飞了。但是它们似乎对自己的那个笼子颇为眷恋，每天在外面飞一飞，玩够了就会回到笼子里睡觉。

它们两个最喜欢的就是我书架上面那只带绣花的小毛驴布偶。两个小家伙经常并排站在驴背上，互相理羽毛呀、亲亲小嘴之类的，看着着实让人觉得非常甜蜜——如果不去看小毛驴脚下的那一摊屎的话。当然，我也不可能让满书架都是屎的情况一直存在，我给小毛驴的脚底下垫了一张纸，相当于小弟小妹的尿不湿，这样它们也很满足，我也可以不用经常擦书架了。于是我就开始幻想它们俩不久之后就可以生蛋，一起孵小宝宝，然后我就可以有很多很多的文鸟。然而事与愿违，大概过了一年半的时间，它们两个没有任何动静。正好有一天，我一个养过文鸟的远房表舅来家里做客，我把我的疑惑跟他说了，他仔细地看了看我家的小弟小妹，一脸哭笑不得地跟我说："当然不会生蛋呀，两只都是母的。"

我："……"

虽然收获一大群文鸟宝宝的愿望算是落空了，但是我仍然爱我的小弟小妹，而且它们两个其实已经认可了小弟小妹这两个名字，凡是叫它们的时候，它们都会对自己的名字有反应，比如小妹会回头看看我，小弟则十之八九会飞到我肩上。我也就懒得再给它们改名字了。

有一天，我打开阳台窗户的时候忘了我书房的窗户也是开着的，还没等我反应过来，小妹扑棱一下就顺着窗户飞到了屋外，站在对面的矮树上。当时我家是 2 楼，而我站的位置比那棵树还要高一些。我当时吓坏了 —— 因为听说文鸟在北方的野外是无法活着越冬的，万一小妹就这样飞出去再也不回来，它肯定会被冻死饿死。于是我急得几乎是快哭出来地喊着："小妹！小妹快回来！"这个时候，也许是我太手忙脚乱了，竟然没有注意小弟也飞了过来。当小弟飞到我肩膀上那一刻，我感觉心脏都快不跳了。倒是小弟给我吃了颗定心丸，它并没有接着再往外飞，而是在我肩膀上朝窗外急促叫了起来，仿佛在跟我一起呼唤着让小妹快点回来。小妹在东看看西看看上蹦下跳了一会儿之后，就像想通了似的，一拍翅膀就回了屋。我长长舒了一口气，感觉自己马上就要蹦出嗓子眼儿的心脏总算是归了位，赶紧关上了阳台的窗户。

这一次的冒险好像给小妹打开了新世界的大门，它开始不再满足于只在我的书房里活动。只要书房门一开，它就想要往外飞，甚至还在我开了家里大门的时候，飞到走廊里过。不知道是不是走廊单调的灰扑扑的还有点脏的景象让它不是很满意，它出去之后基本上只想站在我身上，那些脏兮兮的地方，它完全不屑一顾。于是我又有了一个大胆的想法——既然小妹这么黏我，那我是不是可以带它到外面玩呢？我不会贸然冒这个险，那时候听我们的生物老师讲了巴甫洛夫的实验，刚刚开始对于条件反射有了一点点理解。于是我就去弄了很多文鸟很喜欢吃的带壳的苏子和麻籽。每次拿出苏子和麻籽放在手心里，然后喊小妹和小弟的名字，它们就会飞到我手上来吃。这是我当时理解的行为训练，以现在的知识来说，这套"训练"实在是非常粗陋，但当时我就这样玩儿得不亦乐乎。

　　一直到我发现只要我叫小弟小妹的名字它们就会飞到我的手上，我才开始尝试着带着它们出去玩儿。但是很快我就发现，小弟根本就不想走出我的书房，哪怕它在我身上跟着我一起到了客厅，也会在房门关上之前嗖地一下飞回去。没办法，我只好带着小妹出去玩喽。第一次的试验非常成功。小妹刚跟我出去的时候，一直待在我的肩膀上，很快它就被旁边摇摆的柳枝吸引，飞了上去，啄了半天的柳叶，然后又飞到了低矮的丁香上，在丁香错综的枝叶里面蹦来蹦去，看起来非常开心，以至于我在层层叠叠的叶子掩映间，几乎失去了它的踪迹。终于，我听到它那细细碎碎的叫声，于是我大喊一声："小妹，快回来！"并且随手掏出了一把苏子放在手心里。果然，它从一旁的另一棵丁香上蹿了出来，飞到了我的手上。低头认真地吃了起来。对一直还有些担心的我来说，简直就是意外之喜。之后便经常带着小妹出去玩。

　　有一次小妹遇到了"地痞恶霸"。它大概是冒冒失失闯到了麻雀的地盘，遭到了几只麻雀的围殴，不等我叫它，它就灰溜溜地逃了回来，站在我肩膀上直喘气。那之后，它对于外出游玩这件事情就变得不那么热衷了，又变回了和小弟一起，在小毛驴布偶上腻歪的样子。小弟也终于不用再焦急地等着它的小闺蜜回来一起吃东西、洗澡、睡觉觉。

说到洗澡，文鸟真的是喜欢玩水的动物。原本我以为它们应该和麻雀一样喜欢沙浴的，还特意给它们准备了一个沙盘。然而很快我就发现那个沙盘根本就无鸟问津，反而经常看见它们在饮用水盆那个小小的空间里扑腾着。于是，我就给它们弄了一个浅浅的小盆，里面装上两厘米深的水。它们俩每天都会在这个小水盆里玩上老半天，只有到了深秋暖气还没来，或者初春供暖刚刚停的那段时间，因为屋里的温度比较低，它们才不会洗澡洗得那么勤。

在喂养它们第四年的秋天，小弟突然开始精神变得不好，我们那儿也没有专门给鸟看病的兽医。我眼睁睁看着它越来越虚弱。就在中秋节，大家都团圆的时候，它走了。那是我过得最难过的一个中秋节。小弟走了之后，我曾经想给小妹再找个伴儿，但是每天看着小妹在小毛驴上一只鸟发呆的样子，我又怕如果再找一只万一跟它合不来怎么办，最后还是没有付诸行动。第二年春天我刚开学不久，小妹也走了。它走得一点征兆都没有，我放学回家的时候发现它没有在小毛驴上，还跑到笼子那儿找了找，发现笼子也是空的。于是我又开始满屋子找，结果发现它就躺在小毛驴和书架的缝隙里，身体已经凉了。我不知道它是不是想小弟想得心碎而死。

我把它跟小弟葬在了一起，还"陪葬"了很多它们生前最爱吃的苏子。结果到了夏天的时候，那里长满了紫苏，一丛一丛地挤在一起，摸一摸叶子，就是一手的香气。我想小弟小妹应该会喜欢吧。

　　　　　　　　　　　　　　　　　　　　　那些我生命中的飞羽

喜鹊与乌鸦

——小“土匪”和小“恶霸”

我刚刚学会剪纸的时候，就应我父亲的要求剪了一幅"喜上梅梢"。我父亲并不是那种喜欢在创作过程中手把手帮孩子完成全部工作的人，他让我自由发挥。当时我家没有先进的摄影设备，家里人也没什么优良的摄影技术，所以关于喜鹊的形象，我是认认真真地坐在大树下看了一整天才敢动笔画草稿。剪出来的时候还颇觉得满意，贴在了门上打算留着过年。当然，那幅剪纸画并没有被幸运地留到过年，因为父亲委婉地表达了上面似乎是两只长尾巴鹌鹑。而我后来再看的时候，越看越觉得确实也不太像喜鹊——肚子大、尾巴还不够长，就给撕下来扔了。画虽然扔了，但是为了观察喜鹊而坐在树下的那一天里，我充分领悟了为什么人们会喜欢它们。

北方城市里常见的野鸟中，喜鹊已经算是体型比较大的了。起码对于七八岁的孩子来说，它们甚至可以说得上是强壮而精悍的鸟，而且它们喜欢停栖的位置也实在是很高。北方有很多白杨树，大多有十多米高，作为防护林种得也很密。喜鹊的巢就在很高很高的树顶。当时的我并不知道非繁殖期的时候喜鹊不会待在巢里，而是一门心思认定了"跑得了和尚跑不了庙"，以为只要待在它们家门口，肯定能看到它们回家。所以，我就高高扬起头守巢待鹊。很快，一只喜鹊就落在了这棵树上，降落姿势十分潇洒。其实它已经发现了我，喳喳叫了几声，但是它也很快就认为我这么个人对它没有什么威胁，然后继续安然站在枝头。当时还没有"酷"这个形容词，我只觉得它那种完全不把我放在眼里的姿态十分了不起。于是我就继续盼，盼着它的妻子或者丈夫能够尽快回来。没办法，喜鹊的雌性和雄性长得一模一样，即便现在我已经是一个资深的观鸟爱好者，也很难直接通过外表来判断喜鹊的性别。当时我也并不知道，在非繁殖期的时候，喜鹊夫妻也并不会一直一起生活。它们会有各自的一小片领地，分别会去寻找食物。但我的等待还是有些成果的。不多时还是来了另一只喜鹊。它却与原本那只没有什么互动，飞过来就站在稍低一些的枝子上。我坐的位置甚至听不到它们是否交流。然而，我还是觉得两只喜鹊在被风吹得不停摇晃的树顶稳稳地站着，迎风傲立，简直是一对大侠。

那时候刚刚有彩色电视，电视台没几个，但刚好有一个台在播放《射雕英雄传》。于是在我心中那两只喜鹊就是郭靖和黄蓉。实际上，那极有可能是郭靖和杨康，或者黄蓉和穆念慈。因为非繁殖期，喜鹊对于同性的容忍度会变得非常高，一起喝西北风之类的太平常了。然而，当时的我固执地认为它们一定是恩爱的一对。哪怕它们站立的时候其实相距甚远，在我的作品里，它们也是紧紧挨着的。而我父亲对于我那幅失败作品的唯一一点表扬就是"姿态处理得很独特"。当然独特啦，传统吉祥画里面的两只喜鹊要么就是朝向一致，要么就是互相对望。我的那两只喜鹊完全的背靠背，当时不知道怎么形容，现在回想起来，跟"史密斯夫妇"似的。

后来我还是没有放弃剪纸，并且我的剪纸里有很多的动物形象，尤其是鸟类的形象。大概是我性格中叛逆的因子在作祟，这些关于鸟类的剪纸大多不符合传统的美学构图。但是力求"写实"的风格一直被保留了下来，权当是自娱自乐了。

由于喜鹊名字里带着吉祥之意，民间一般把它们当作吉祥喜庆的象征，例如在牛郎织女的故事中，每年七月初七喜鹊都会为牛郎织女架起一座鹊桥，让两人相聚。唐代大诗人杜甫在《西山三首》里的"今朝乌鹊喜，欲报凯旋归"，也反映了古人以喜鹊报喜当作吉兆。但和喜鹊同属鸦科鸟类的乌鸦，给人们的印象却并不是那么好。

我们小的时候都听过《伊索寓言》中《乌鸦喝水》的故事，讲的是乌鸦充分利用工具的聪慧。然而同样在《伊索寓言》中的另一个故事里，乌鸦却是因为虚荣而失去了到口的肥肉。那个故事的名字叫《狐狸与乌鸦》。

其实我小时候听周围的人们说得最多的还是乌鸦多么多么不吉利，是报丧鸟，"乌鸦落在谁家，谁家就要出事"等等传言，甚至有无聊的大人以"你要是不听话，老鸹就会来吃了你"来吓唬小孩子。所以在我还懵懵懂懂的时候，看到院子里突然落进来一只乌鸦还是非常紧张的。我眼睁睁看着它偷走了我家晾在院子里的萝卜干，然后细细地盘算了一下如果它吃了萝卜很开心，是不是就会饶了我一条命？如果它嫌这几条萝卜干不够的话，我还可以上供我的奶油雪糕。等我父母下班之后，我把这个小心思跟他们讲了一下，遭到了无情的嘲笑。之前说的那两条关于乌鸦的寓言就是当时我父亲怕我对乌鸦产生心理阴影而跟我讲的。后来父亲在去附近的村子办事的时候看到一棵大树上有五个乌鸦巢，还当成风景名胜一样特意又找时间带我去看了一次。

当时我是震撼的。

我现在已记不起是一棵什么树，只记得是一棵非常高大的乔木，或许是槐树吧，枝干比较松散，不像白杨树那般聚拢。上面最大的那个乌鸦巢比我还要高，还要大。而旁边拱卫着它的那四个小一点的巢至少有我一半高。几只体型硕大的乌鸦在附近徘徊，也不十分怕人。因为离得近，我甚至可以从它们漆黑的脸上看清明亮的小眼睛。那眼神太机灵了，让我相信它们恐怕真的能干出利用小石头来喝水的事情。乌鸦那个长相，越看越觉得很帅气。它们偶尔"啊！啊！"的叫声，听起来就像是诗人在感慨。就连它们在地上踱步找食的样子，也颇有大将之风。总之，那天的收获就是我再也不怕乌鸦，而且心里隐隐有一种感觉 ——"去他的不吉利，老子喜欢！"

以至于后来上了小学，我同学跟我神神秘秘地讲乌鸦有多可怕的时候，我就特别不服气地说："我见过好多次乌鸦了，我还见过五个乌鸦窝，还不是活得好好的。"说得小朋友哑口无言。后来随着我学的知识越来越多，眼界越来越开阔，我知道了乌鸦也不是一直被人们认为是不吉利的象征。在我国古代，乌鸦是太阳神的象征。后羿射日的故事里，太阳就是三足金乌。在商周时期，人们认为乌鸦叫才是报喜。古代还有乌鸦反哺的故事，认为乌鸦是最讲孝道的鸟类。巧的是，我国人民也并不是一直都只喜欢喜鹊而讨厌乌鸦。北宋翰林学士彭乘在《墨客挥犀》卷二中说："北人喜鸦声而恶鹊声，南人喜鹊声而恶鸦声。鸦声吉凶不常，鹊声吉多而凶少。故俗呼喜鹊，古所谓乾鹊是也。"南宋文学家洪迈在《容斋随笔》卷三中也说："北人以乌声为喜，鹊声为非，南人反是。"在满族传说中，努尔哈赤有一次兵败逃亡时，头顶飞来一只乌鸦站在树上，追兵认为，有鸟站的地方肯定不会有人躲着。于是放弃了搜查，努尔哈赤侥幸得活，所以乌鸦也成了满族的圣鸟。他们设有专门的饲喂乌鸦的场地，还有专人负责。据说现在北京一到冬天铺天盖地回城里过夜的乌鸦就是清朝几百年间不停饲喂的结果。

不同的国家对乌鸦和喜鹊的喜恶也是有差异的。比如在北欧神话中奥丁神的肩上就站着两只乌鸦，帮他巡视世界的一切。在欧洲的一些国家，乌鸦象征着丰收和吉兆，喜鹊反而是小偷小摸的象征。在日本传说中，乌鸦帮助第一任天皇得到了天照大神的认可，所以乌鸦也是日本的神鸟之一，日本人很少会伤害乌鸦，还会准备一些饭菜来喂养它们，现在在日本满大街的乌鸦已经快要成灾了。

抛开人们给它们赋予的那些象征意义不谈，喜鹊和乌鸦本是亲戚。它们同属于雀形目鸦科，都是杂食动物，而且更爱吃虫，也会食腐，所以在控制虫害、清理环境垃圾方面都可以做出重要的贡献。它们的确吃尸体，而且我想在战乱的年代，无数秃鹫和乌鸦跑到战场上吃阵亡者尸体的场景，也的确凄凉和恐怖到令人胆寒。所以人们将乌鸦和死亡联系起来也不奇怪。但战争本身不是因为乌鸦引起的，成千上万的人曝尸荒野也是人类来不及掩埋的错。说白了，其实人也是一种动物，而乌鸦正在帮这些死去的动物执行一场自然的葬礼。

鸦科鸟类几乎都是卓越的建筑大师。每年冬末春初，草木尚未返青的时候，它们就开始忙碌着搭巢了。它们的巢是典型的碗形巢（喜鹊除外，它的巢一般呈球状），也最符合人们普遍印象里鸟窝应该有的形状。而这些巢是从一根一根的树枝开始搭起来的。喜鹊和乌鸦都很喜欢在高大乔木上营巢。它们选定几根结实的粗树枝的树杈作为支点，先是在上面用一些粗树枝围出一个直径略大于它们体长的圆圈来，然后拿其他一些稍软的细树枝在这些粗树枝之间穿插把它们编起来。当一个碗的雏形

那些我生命中的飞羽

初具规模的时候，它们就开始寻找新的树枝，去填补缝隙和扩大面积，并且让这个碗的碗沿儿越来越高。等到这个碗状巢的外轮廓大功告成，喜鹊和乌鸦就开始到处找相对细软的枯草往里面再垫出一个松软的草垫。即使这样它们仍然觉得不够。它们还会从自己身上拔下一些绒毛，同时四处去收集更加细软的动物毛，或者棉絮等等，给这个巢里垫一个更加松软暖和的"褥子"，来保护它们后代那娇嫩的皮肤。这些毛的来源可能是猫、狗、兔子、羊等家畜，也可能是各种野生动物，甚至包括熊猫。北京动物园里那些在户外活动的熊猫就经常被乌鸦偷偷拔毛，这些乌鸦还特别喜欢拔熊猫屁股上的毛。对喜鹊和乌鸦来说，趁这些动物不注意时偷偷拔下一点来转身就跑是非常容易的事。反正到了春天，大多数哺乳动物都要换毛的，与其让那些绒毛随风飘散讨人嫌，还不如垫到巢里给雏鸟们保暖，也能变废为宝。

鸦科鸟类的整个营巢过程一般都是夫妻合作的，等巢刚刚搭好的时候，一般也是树叶刚好长得比较茂密的时候。层层叠叠的树叶不仅可以为它们做最好的掩护，防止被天敌发现，还可以遮阳遮雨，给这个巢和未来将在巢里生活的宝宝们一个相对舒适的环境。而它们这些费时费力的巢，大多也是沿用的。一对乌鸦或者喜鹊夫妇如果在它们的领地里长期保持优势的话，就会每年都使用同一个巢来繁殖，而且每年会加固和翻新这个巢。如果旧巢破损比较严重，它们也会在上面直接搭一个新巢。像前面说的一米多高的乌鸦巢，应该是那种老乌鸦经营了至少五年的结果。

乌鸦和喜鹊的后代独立生活之后并不会离父母太远，甚至一两岁还没有找到伴侣的小乌鸦会回到父母的巢边，帮助父母来照顾当年出生的

我救助的一只喜鹊宝宝

弟弟妹妹。乌鸦反哺我们没有看到，所以不能说它们尊老，但说它们爱幼是没错的。这种种内互利关系可以极大程度地提高幼鸟成活率，同时，也可以让年轻的个体得到锻炼，学习如何照顾后代，为它们自己今后的繁殖做一个预演。

因为巢被树叶遮挡得太好，喜鹊和乌鸦的育雏过程就不是很好观察。但是总体来说，鸦科鸟类可以称得上是模范夫妻，雌雄亲鸟轮流给孩子喂食，也会喂正在照顾孩子的伴侣。它们的宝宝基本上什么都不挑，但主要还是以各种昆虫为食。我们时常也能看见喜鹊乌鸦去抓一些青蛙、壁虎等两栖爬行动物，甚至是小老鼠来喂给宝宝。

喜鹊和乌鸦的宝宝我也养过很多次，当然这里面小喜鹊比小乌鸦多多了。因为喜鹊大多可以在城市里的各种绿化树上营巢，乌鸦除了冬天可能会在城市里聚群过夜之外，繁殖期的时候一般都会跑到离城市很远的山林里。所以，城市里的人们发现坠巢喜鹊的概率就比发现坠巢乌鸦的概率大很多。然而养它们可比养麻雀之类的小鸟费劲儿多了。它们太过聪明，一旦认定了你可以给它们提供稳定的食物，想要再放归野外就会有些困难。而正因为我的目的是让它们最终能回归自然，所以在喂食的时候就会千方百计不让它们看到我。

以小喜鹊为例。我会找一张喜鹊的照片打印出来，让图上的喜鹊跟真实的喜鹊差不多大。然后把这张画儿贴在硬纸板上，在纸板上掏出一个洞。当我需要给雏鸟喂食的时候，就把这个纸板挡在脸前面，只通过那个洞观察它的位置。同时我用来给它们喂食的镊子也是经过伪装的。等到它们长到可以自己采食的时候，只要把食物放在房间里就可以了。这样养大的小喜鹊其实多少还是不太怕人，但万幸的是，它们也不会过度依赖人。等它们全身的羽毛长成的时候，我也会常带它们到长满草的荒地上让它们熟悉环境，熟悉同类，学习怎样寻找野外的食物。野外的喜鹊也是成小群活动，它们总是对外来者充满了戒备和好奇。它们不会立刻和我养大的小喜鹊有直接的接触，而是围在周围静静地观察。有几次它们还对我的小喜鹊做出了驱赶的动作，而我的宝宝看上去十分不知所措。除非它们展开了激烈的肉搏，否则我一般不会强行干预。而有些小喜鹊的聪明之处在于它们能看出野外的喜鹊对我有所忌惮，所以它们真扛不住了的时候，会向我飞来求助。真碰到这种耍赖的小宝贝我也没办法，只好先带回家好好养几天，换个地方再试。最后总能找到愿意接纳它的小伙伴。当然，我知道那些野外的喜鹊其实已经是十分客气了，它们来骚扰和驱赶的小队伍通常不超过十只。要知道，在野外如果它们发现猛禽侵入了领地的时候，一两只喜鹊会高声报警，紧接着周围数百米之内的几十甚至几百只喜鹊都会蜂拥而至，偶尔还会有一些乌鸦掺杂其中。它们组成规模庞大的队伍来一起围殴猛禽。目前看来苍鹰、猎隼、游隼受到的来自喜鹊和乌鸦的骚扰比较少，因为这几种猛禽飞行速度快，同时又有着高超的飞行技巧，平日里也会抓乌鸦喜鹊打打牙祭，敢上去骚扰的喜鹊乌鸦通常都没有好下场。其他体型小或者飞得慢、体态笨重的猛禽就比较倒霉了。我在野外观鸟的时候，经常看到大鵟或者雕鸮被几百只喜鹊乌鸦围攻，或仓皇逃窜，或被堵在一棵树上寸步难行。而小一些的猛禽，比如红角鸮之类，甚至可能会成为乌鸦和喜鹊的盘中餐。

这是一只被弹弓打穿了胸腔的大嘴乌鸦，我们找到它的时候，它的伤口里灌满了污泥，从伤口溃烂程度及龙骨突指标来看，推测受伤五天以上。虽然我们全力救助，最后还是回天乏术。

喜鹊和乌鸦可能都曾有吉祥的寓意，但毫无疑问，它们是凶猛的机会主义者。它们又可能都有过不好的名声，但毫无疑问，它们都是自然生态系统不可或缺的一部分。

夜鹭和苍鹭

——"胖头陀"和"瘦头陀"

夜鹭和苍鹭都是鹈形目鹭科的鸟类。它们都是典型涉禽，长着长长的腿、长长的脖子和长长的喙。两种鸟的主体颜色都是灰色、白色和黑色。然而不同的是，苍鹭身体的躯干是浅灰色，翅膀末端是深黑色；夜鹭却几乎是正好相反的，它们的头和躯干是深灰近黑色，翅膀是浅灰色的。另外苍鹭身材修长，体长有92厘米，哪怕它们缩着脖子站立，也有70多厘米的身高；夜鹭就要矮上许多，它们的体长才只有60厘米左右，再加上它们站的时候喜欢缩着脖子，站高只有40厘米左右。可以说，当这两种鸟站在一起的时候，夜鹭的头可能刚刚到苍鹭的肚子。这番景象总让我忍俊不禁地想起《鹿鼎记》里面的胖头陀和瘦头陀。

在北京要同时看到苍鹭和夜鹭实在是太容易了，因为它们不只是分布地区高度重合，连居留时间也是完全一致——它们是北京地区的留鸟。

不过苍鹭和夜鹭可不像电影里的胖头陀和瘦头陀一样形影不离，它们都很喜欢水，但是对水域的利用却有不同的喜好。

苍鹭的腿足够长，在捕鱼的时候，它们会蹚水到比较深的地方去。它们选好一个位置，然后通常一站就是老半天。而这段时间里，它们几乎就一直伸着脖子不动，等什么时候发现刚好有鱼经过自己面前，且角度和深度都合适的时候，它们会以迅雷不及掩耳之势将鱼叉一样锋利的喙插入水中，脖子像装了弹簧一样灵活有力，猎物往往在劫难逃。在有些地方，苍鹭有一个别名叫"长脖老等"，这个俗称很形象地说明了它们捕鱼时候的状态。夜鹭的腿则比较短，它们虽然也会蹚到水里去，但一般不会离岸太远，所以它们捉的鱼通常也不如苍鹭捉的鱼大。但是夜鹭很聪明，国内外都有人观察过夜鹭用面包或者草叶等东西"钓"鱼的行为，可以说卓越的智商弥补了腿短的不足。另外还有过夜鹭把自己缩起来，跑到动物园里冒充企鹅，偷企鹅鱼吃的记录。而企鹅的饲养员居然很长时间都没有发现这个滥竽充数的小偷。夜鹭简直可以说是鸟类中出色的间谍了。

苍鹭喜欢白天活动，而夜鹭在白天太阳比较强烈的时候，却一般都在树上停栖，到了黄昏的时候，才下来找东西吃。

我对两者之间的区别最直观的感受就是夜鹭比较温柔，而苍鹭比较暴躁。起码我救过的夜鹭，不管是成鸟还是幼鸟，不管是有外伤还是单纯的虚弱，要去抱它们或者给它们喂药的时候，它们都很配合。而苍鹭，也不知道是不是它们长得天生就比较凶，我一直觉得它们全程看我的眼神都是不怀好意的。它们倒是没有像天鹅那样从头到尾的扑腾和攻击，但是架不住它们会假装安静一会儿，然后抽冷子给你一下。而且苍鹭每一次攻击都是瞄准要害的，不像天鹅那种"有枣没枣打三杆子"式的咬到哪儿是哪儿。苍鹭的攻击大部分都是朝着眼睛瞄准的。

我被苍鹭攻击得最惨的一次是在高中时，我在老家水边看到了一个被废渔网缠住的苍鹭，想要去把它解下来。那个时候我还没有受什么野生动物救助技术的训练，也不知道应该先用一个东西把它的眼睛遮起来，这样才对我对它都安全。当时我只是出于本能地直接过去，想抓它的脖子并控制住它的大嘴，结果太心急了，自己脚下一滑，一屁股就坐进了水里，不小心还撒了手，这边正手忙脚乱呢，它朝着我的脸就是一口，还好我余光瞄到了赶紧往后仰了一下没有被它戳到眼睛，但是却被它咬住了鼻子。它的下喙已经戳到我鼻子里面了，当场就是一种钻心的疼，涕泪纵横。我顾不得其他，赶紧把它的嘴拔下来。然后因为疼得睁不开眼睛更加看不清东西一屁股又摔进了水里，还呛了一口水。而这货完全不顾我是去救它的，对我又是一通狂咬乱拍，拍得我已经开始怀疑人生。我一路狼狈地挪回了岸边，等了差不多二十几分钟才勉强不再流泪，看那只苍鹭仍然傲然站在那里，虽然它跟我一样狼狈，但却以一种胜利者的姿态睥睨我。而我知道如果不去救它，用不了多久它就会饿死。所以只好咬咬牙又一次冲了上去。当时我并没有可以脱下来的衣服，所以也就只好用帽子吸引它的火力，趁它去攻击帽子的一瞬间，我又一次把它的嘴抓在了手里。这次我是打定了主意，哪怕我再摔到水里也坚决不会再松手。于是我就一手抓着它的嘴，用头顶，或者准确地说是后脑勺生抗它不断拍下来的翅膀，另一只手在水底下帮它解绳子。还好那个破网缠得并不是太复杂，一只手拨来拨去的也总算把它的脚解救出来了。我当时没有条件照镜子，但是想必我头顶到后背已经全都是鸟毛了，但我也没有时间想这么多，赶紧后退了两步，退到我的胳膊已经不能伸得更长才把它的嘴放开。而它获得自由之后也无心恋战，立刻转身就飞走了。留着我全身湿透，目送它远去。

后来我不放心，反正我已经湿透了，干脆就又往里面蹚了蹚，把那个附近所有能摸到的尼龙网啊破袋子之类的全都捞了上来，拖了几百米扔到公路旁的垃圾站里。真心希望它们不要再被废弃的渔网缠住。

　　　　　　　　　　　　　　　　那些我生命中的飞羽

黄胸鹀

—— 该怎么留住你

说起黄胸鹀，可能很多人都会觉得陌生，但是如果我说禾花雀，大概相当多的人就会恍然大悟——"啊，就是那个传说中大补的鸟啊。"禾花雀真的大补吗？显然并没有得到任何现代医学的证实。只是不知从什么时候起，一些人开始胡编乱造，以讹传讹，给黄胸鹀编排了许多根本不存在的"效用"，比如壮阳、大补等等。于是引起了很多肾虚心也虚的饕客们趋之若鹜。这一劣行以两广尤其是广东省为最。据悉，一直到2013年，广东省都还每年举办所谓的禾花雀节，而每年的这种"节日"上，要杀害几百万只禾花雀，甚至带动了全国范围内对禾花雀的盗猎。其实直到现在，我们还时常能从微博或者微信朋友圈等平台上，看到有人晒他们吃禾花雀的照片。

其实现在他们吃的大概十有八九已经不是真正的黄胸鹀了。世界自然保护联盟（International Union for Conservation of Nature，IUCN）调查显示，黄胸鹀已经生生被从无危级别吃成了极危级别。从1980年至今，黄胸鹀的野外种群已经下降了90%，而且几乎全部都是因为某些人为了获取野味而对它们大肆捕杀造成的。我们甚至还没有来得及向更多的人介绍它们有多么可爱，它们就从漫山遍野皆可见变成了踏破铁鞋无觅处。甚至有俄罗斯的鸟类学家痛心疾首地质问我们：为什么黄胸鹀在俄罗斯繁殖地的繁殖成功率没有受影响，可是过了途经中国的两个迁徙季再回到繁殖地的就那样少？

我们又能说什么呢？只能反省自己的科普不力、执法不力。每每我们在新闻图片里看到它们成堆的尸体，更是心如刀绞。它们本应在山谷中、在灌丛里、在小溪边跳跃玩耍，吃着种子，唱着甜美的歌才对。

我在东北老家和北京都见过野生的黄胸鹀。我的老家是黄胸鹀的繁殖区，虽然在草原上，但是有江有河还有很多的溪流。湿地里边有茂密的高草，偶尔有些稀稀拉拉的小灌木，离湿地不远的地方还有成排的防护林围着的大片农田。黄胸鹀就在这些地方出没。这些地方对人尤其是对小孩子来说，多少有些危险——你不知道哪一脚踩错了，掉进了暗渠就再也上不来。所以我父亲是禁止我跑到这些湿地中的草地深处去的。即使有时候我们去那里闲逛，父亲也提醒我跟着牧羊人和羊群走过的地方。而我虽然也觉得这样安全许多，但是同时也觉得索然乏味。因为羊群会老远就把草丛里的其他动物惊起，不管是小一些的昆虫，还是大一些的鸟，都会成群飞走，而我，根本来不及看清它们都是什么。经常被羊群走过的地方，草总会少上许多，那里一片荒芜寥落，没有什么遮掩。除了喜鹊乌鸦这些胆大包天的家伙会喜欢在那里逗留之外，生性胆小害羞的鸟儿很少在那里驻留。我经常走着走着就稍微偏离一点路线，走到草更加茂密一些的水边去。在那里能看到很多更美好活泼的身影。当然，尽管我走得很慢，也难保有些动物被我惊起来的。也许是我的动作足够慢，这些小家伙可能也觉得我能造成的威胁不大，所以它们并不会离开太远，大概在离我五六米的地方稍微观察一会儿，发现我没有敌意就又跳回去了。

　　那个时候，我还根本分不清黄胸鹀和麻雀的区别。雄性黄胸鹀还好，因为它们有着非常亮眼的黄色小胸脯，可是雌性黄胸鹀身上那淡棕和深褐相间的颜色以及身体大小，乍一看都跟常见的麻雀别无二致。我手上只有一个倍数特别低的儿童望远镜，以我当时的观鸟技术，从望远镜视野里跟上它们飞行的速度都是很困难的一件事情，又哪里有那么多时间来让我辨清它们的细节？唯一可以把它们和麻雀区分开的，就是它们动听的声音。跟麻雀相比，黄胸鹀有着更加清脆、曼妙多变的声音，尤其是在繁殖季，虽然达不到云雀那种百啭千啼的程度，但是别有一番细致的韵味。有些人把黄胸鹀作为观赏鸟饲养，就是为了听它们清脆的鸣唱。每每我路过关着它们的小笼子，就只感到一阵阵悲哀 —— 我听着笼子里的单身汉们单调重复的歌曲，看它们刻板地蹦跳，这些无妄的牢狱之灾使它们永远也无法找到心爱的女孩子，更无法生一窝心爱的宝宝。

说到宝宝，我父亲禁止我往太深的草丛里走，还有另一层顾虑，就是很多鸟都会在草丛中的地面附近营巢，如果我走得太莽撞，很有可能让它们的辛苦努力泡汤。这么说不是没有道理的，我的确在临近河边的地方发现过不止一个鸟巢。我无法确定它们是什么鸟的，或许是黄胸鹀，也或许是别的什么鹀。那些巢其实就是细密草丛间贴近地面上一个小"碗"，似乎使用苇叶之类织成一个环形，里面垫上些许厚草，然后几枚细小得不可思议的卵，就安静地躺在这些小窝里。每当我有这些发现，就会立刻开始后撤。当年其实我并不知道，有时候如果我的到来和我对鸟巢的关注已经被亲鸟发现，它们可能是会弃巢的。因为如果还没有开始孵卵，还没有投入更多的能量和精力，这个时候放弃一个已经被天敌发现的巢开始营造新巢，对它们来说属于及时止损。而一旦雏鸟已经被孵出来，亲鸟就很难再弃巢了。虽然小的时候我并不完全懂这些道理，但我谨记父亲告诉我的话：一定不要去打扰小鸟的生活。哪怕我觉得那些小小的巢和里面的卵是那么的小巧可爱，都从不敢动什么歪心思把它们拿起来。我害怕有什么可爱的小生命因为我而夭折，或者有一些美好的可能因为我而断绝。

更多的情况下，我会默默走回那些被羊群已经啃食得很矮的草地，然后努力地贴近一些灌木丛蹲下，举起我的望远镜，试图用蹩脚的追踪技术来辨认那些神出鬼没的小朋友都姓甚名谁。或者干脆，我什么也找不见的时候，就只好用耳朵来聆听。无论什么时候，鸟鸣对我来说都是最能令我放松的声音，令我迷醉。然而这么多年过去了，我觉得我听声辨鸟的技术也没有太大的长进，大概以后也没什么长进了。我时常想起多年前遇到的一个英国小朋友。我遇到他的时候，他才只有五岁，他父母说他那时已经能准确辨别200多种鸟类的鸣声。虽然我早就知道英国是世界观鸟活动的起源国，也是当今世界观鸟水平最高的国家之一，但我当时还是深深地受到了震惊。想想我五岁的时候，别说让我分辨200种鸟类的鸣声，我连200种鸟类的名字都叫不出来，最多每天盯着房檐上的燕子、院子里的鸡鸭鹅、跟鸡抢食的麻雀，还有偶尔飞过的喜鹊、乌鸦、鸽子傻乐而已。说到底，我国在自然教育方面还是起步太晚，甚至在生态保护和野生动物保护方面立法也非常晚。乃至于时至今日执法水平和普法水平都仍然不是很高，这才有了许许多多像黄胸鹀一样的悲剧。万幸的是，近年来国人对生态保护越来越重视，素质也在显著提高。但愿在我们有生之年，可以挽留住黄胸鹀还有其他美好的小生命。

我的一位台湾朋友微博名字为 Barnett_H（本名黄咏证），他是一位非常了不起的自然观察者和画家，走过很多地方去观察动物，并且尽一切可能把它们美好的身姿甚至有时候包括生境一起留在画本里。他曾用一组九宫格记录下画黄胸鹀的过程（见本书附图）。一笔一画无不记述着他对生命和自然的爱与敬畏。

第二部分

求学相伴

当时我想的就是我一定要好好学习，一定要变得很强，这样我才可以保护那些需要我保护的人还有需要我保护的动物。也许这些东西在现在看来十分"中二"，但在相当长的时间里，我要靠它们才能走出痛苦。

红嘴相思鸟

—— 一次失败的救助

红嘴相思鸟是雀形目噪鹛科的鸟类，同画眉是"亲戚"。它们不仅和画眉一样有着婉转的歌喉，更是比画眉长得更加讨喜。它们身上的羽色主要是橄榄绿色，只在喉部是亮黄色，到了胸前变成金黄色，有着红彤彤的小嘴儿。雄鸟翼斑是朱红色的，雌鸟的则是橙红色的。红嘴相思鸟跟其他画眉科鸟类一样，喜欢吃虫子，也会吃一些浆果。它们营巢于低矮的树枝上，用细细的草叶编织成一个深杯状的巢。每次产卵五六个，多则七八个。雏鸟为晚成鸟。

在我国南方，红嘴相思鸟是非常常见的鸟种。然而我初次见它们却是在北方，那是我大一的时候。在北京西边一个著名的古刹，那里常年香火旺盛，游客多了，放生活动也就多了。古刹旁边有很多小贩，每个小贩面前都摆着许多的笼子，笼子里装着各种各样的野鸟以及别的野生动物，比如小松鼠、小刺猬之类。那些动物要么在笼子里乱飞乱撞，要么精神萎靡地缩在角落或瘫在笼子底。很多鸟的头顶和翅膀都已经撞出了血，笼子里到处都是粪便和脱落的羽毛。其中大部分鸟类我都认识，包括麻雀、绣眼鸟、喜鹊、灰喜鹊、灰椋鸟等等。唯独一个小笼子里，除了灰椋鸟，还有五只通体橄榄绿色，只有嘴巴通红通红的小鸟，这几只小鸟我之前没见过。后来我知道，它们就是红嘴相思鸟，是被不法分子从南方捕捉之后，长途贩运到北京的。

彼时我已经有了一定的法治意识，知道这种贩卖大量野生鸟类的行为，如果未经林业和检验检疫等相关部门许可都是违法的。然而我当时终归是太过天真，也缺乏跟不法分子斗争的经验，居然选择直接去跟这些商贩们理论，而不是保存证据之后报警。当然那时候也并不流行什么智能手机，我只有一个摩托罗拉的翻盖手机，手边也没有可以即时成像的相机。真的要报警的话，也没有最直接有效的证据。于是这个最愚蠢的选择也给我带来了相当危险的后果。要不是旁边有香客还有古刹的工作人员过来拉架，我可能就要跟十个以上的不法商贩打起来了。他们才不会在乎我是不是一个形单影只的女生，这么多人打我一个会不会胜之不武——尤其是，他们还违法在先。他们只在乎我会不会断了他们的财路。当我当着他们的面表示要打手机报警的时候，就是那个卖相思鸟的商贩一把抢走了我的手机，扔到地上踩碎了。他们的污言秽语越来越难听，后来，帮我拉架的那个好心大叔不放心，亲自把我送下了山，看我上了公交车。

我最终还是没有成功把这些动物救下来，手机也丢了。坐在公交车上委屈得想哭。而且，因为心情沮丧，还差点儿错过了换乘站，等回到学校天都黑了。我可以想见它们会是怎样的无助恐惧，又会是怎样的凄惨下场。那天晚上做梦都能梦到它们橄榄绿色的身影在笼子里撞来撞去，枕巾都哭湿了。

第二天我后知后觉地跑到学校旁边的派出所询问遇到这样的事情应该怎么办。因为没有任何证据，我能提供的不法分子的信息又十分有限，派出所离事发地又隔了很远，所以这只能是一次咨询，连报案都不算。所幸那天人不多，当班的警察小姐姐还有空闲的时间可以安慰我，并且指导我以后遇到这样的情况应该在首先保证个人安全的前提下尽量多地保留他们非法买卖的证据，然后向相关部门举报。我问她是不是可以向派出所举报，她说最好还是联系一下森林公安。我又问森林公安的电话是多少，小姐姐说不同区县的森林公安电话号码是不一样的，然后让我自己打114查一下。这件事情，就这样无疾而终。后来我虽然也查了森林公安的电话，但是打过去一试大部分是负责林业防火工作的，他们也并不清楚自己辖区内的野生动物都是什么，何况是像红嘴相思鸟这种从南方运过来的外地物种。那个时期真的是一个让人十分容易感到伤心和绝望的时期。感觉除了我和我身边的一小部分人之外，太多的人根本就不关心野生动物的死活，也不关心社会上的诸多不合理和违法行为，更不用说保护自然和维护法律的尊严。

如果不是我的身边陆续出现了很多的野保先行者，他们教导着我、鼓励着我，还有我的父母理解支持我，我想那时候遇到的诸多挫折，足以让我放弃这条路。

痛定思痛，终归是因为我对法条并不完全熟悉，对物种也认得不是很清楚，在与人争辩时多流于感性，试图从情感方面说服他们，而在涉及一些核心的原则性问题的时候，却又含混起来，除了把自己气个半死之外，并不可能从那些早就视法律于无物、将良心抛诸脑后的奸商身上取得任何的突破。所以，那之后我开始跑到书店和各大图书馆，拼命地翻找着一切可以让我多认识些野生动物的书籍。我的一些入门级观鸟手册就是那时候搜罗到的。说是手册，其实有些只是一些小折页，但我当时仍然是视作珍宝。我从网上查阅了相关法条，将其中一些非常重要的东西记在心里，就像背课堂上教的知识一样，或者说甚至比背课本上的知识更加认真。同时，我也开始反省自己太过直白的沟通方式。有些人是从善如流，可以劝的，然而有些人在利益的驱动下，是不会被区区善意感化的。对待后者唯有举起法律的武器，让他们付出应有的代价。所以那之后，我特意买了一些和我平常形象完全不相符的服饰，还有假发。每次当我打定主意要去一些地方踩点的时候，换上这些东西，看上去简直变了一个人。在言行举止上，我也会多多留心，尤其我开始学会克制自己的脾气，当我看到那些不法分子令人作呕的嘴脸时，我终于可以灵活应对。之后我很快就尝到了一些甜头 —— 在我耐心蹲点了几次之后，终于，我的举报得到了森林公安的受理。而当我看到有森林公安和林业稽查罚没那些不法商贩们正在贩卖的野生动物时，心里说不出的高兴。

第一次一个森林公安来问我："是你报的警吧？"我说："是，这些鸟，你们会照顾好了再放飞吗？"他们说会的。我当时便安了心。但是后来我才知道，当时，虽然已经有了森林公安，但是，对执法罚没动物的后期收容救助还不是很完善。森林公安会和动物园等机构合作收容动物，但是对大批量动物的照顾就谈不上精细了。因而我的心又悬了起来，不知道当时我救的那一批野鸟会有怎样的结局。隔了几天我打电话给当时接警的森林公安派出所，然而接我电话的却不是当初接警的那位警官。我问他那些喜鹊和麻雀怎么样了，他说他也并不很清楚，不过还是安慰我说应该没事吧。

对我来说，这种程度的安慰，和我最开始试图感化那些商贩的辩驳没有任何区别，都是苍白无力的。我却没法继续再去追问。我知道我做的事情从法律上来说是正义的，起码让不法商贩受到了惩罚，起码制止了他们继续将这些可怜的鸟儿卖给那些不明所以的香客。其实香客们买动物放生未必是坏心，可是他们却从来没有想过自己的行为只会刺激和鼓励盗猎及非法贩卖，进而让更多的野生动物遭殃；他们更没想过自己就这样贸然放出去的动物，可能根本就已经很虚弱，或者适应不了当地的环境，用不了多久就会凄惨死去；又或者有极少数的动物本不属于这个地方，它们被放生到这个环境之后，由于适应这个环境的各种气候和食物，却少了在原有栖息环境下的天敌，所以会迅速扩张，变成有害的外来入侵物种，对当地的生态造成严重的损坏 —— 比如那些让人头疼的福寿螺、巴西龟之类。凡此种种，目前还都只是野生动物保护相关人员才会考虑的事情，有待于进一步向公众科普和普法。然而当时我最强烈的感觉就是：事情只做了一半，并没有做完。

我报警去救它们，最终的目的还是为了让它们能摆脱这次盗猎和非法贩卖给它们造成的不良影响，而能以最佳状态回到大自然，继续好好活着。之后遵循自然规律生老病死，那才是为维持生态平衡做贡献。然而我当时还只是一个大学生，人微言轻，除了自己到靠谱的救助组织，比如"根与芽"、国际爱护动物基金会去做一下志愿者之外，对别的事情实在也是无能为力。

2006 年，北京市正式成立了野生动物救护繁育中心，自此，所有受保护的野生动物，包括国家重点保护的一级、二级野生动物和"三有"保护动物，如果受伤生病需要救助，都可以联系他们。也就是说，打那之后森林公安执法罚没的那些动物有了一个合理的好去处。作为一个救助人，再没有比这更令人开心和感到欣慰的事情。而我也眼见着北京的森林公安系统越来越完善，科普和执法工作相对越来越到位。虽然偶尔还是能看到一些不法行为，但显而易见有所收敛。

近几年，我已经很少在北方见到被大量贩卖的红嘴相思鸟，倒是南方仍有大量红嘴相思鸟、银耳相思鸟等被作为观赏鸟盗猎和买卖。

在习近平总书记对生态文明建设作出了"绿水青山就是金山银山"重要指示之后，当前似乎全国的林业系统都开始有了干劲，观鸟和博物旅行团队也越来越多。相当一部分佛教放生组织开始纷纷反省。2017年开始施行的新修订的《中华人民共和国野生动物保护法》更是把不科学放生列为违法行为。眼见这一切都在越来越好，不知是否可以告慰当初那些冤死的小生命。

白头鹎

—— 南来的小朋友

白头鹎属于雀形目鹎科。体型比麻雀略大一点点，它们的背是橄榄绿色，脸颊黑色，成年白头鹎的枕部，也就是后脑勺有一块亮白色的羽毛，这也是它名字的由来。

白头鹎的野外种群数并不少。虽然随着气候变暖，现在它们在华北地区也有一定数量的分布，但它们还是主要分布在我国南方。只要我到南方出差，几乎随时随地都能看到白头鹎的身影，听到它们那独特的带有金属音的鸣声。

还记得我第一次看到白头鹎也是大学时，在北京看到的。那时候白头鹎还没有自然扩散到北京来，而我看到的也不是自然状态的白头鹎。那是北京的某个寺庙旁边的放生摊上。它们和很多别的鸟被混放在一个小小的笼子里。我当时上去套话，那贩子告诉我：白头鹎五块钱一只。他那个笼子里有二十多只白头鹎，还有些别的鹎和金翅雀。他说如果我把一笼都买下的话，可以算我便宜一点。我半真半假地跟他说我是个穷学生，没有那么多钱，身上只剩下 80 元了，问他可不可以把那一笼 30 多只鸟卖给我。他显然是觉得这个买卖非常不划算，不耐烦地挥挥手来赶我。而我继续往前走，没多远，看到另一个小贩，那里居然还卖着两只小猫头鹰 —— 一只红角鸮和一只纵纹腹小鸮。要知道猫头鹰都是国家二级保护动物，非法贩卖猫头鹰的话，那可就不是一般的行政处罚了，那是要负刑事责任的。我二话没说，跑到一个僻静的角落里报了警。大概过了半个小时，森林公安就过来罚没了这一批动物。

一直暗中观察的我刚刚松口气，然而就在我快要下山的时候，却发现了另一个让人心疼的景象 —— 在背阴的小林子里，有一张低低挂着的捕鸟网，上面粘了一些白头鹎，还有麻雀和其他小鸟，显然是不久之前刚刚被香客们买来放生的。而那些网设置的地点显然就是专门给这些受尽折磨已经无法再飞高的鸟儿准备的。不用想也知道，这是那些鸟贩子的手笔。毕竟那些被抓的野鸟有很多并不是本地原生物种，是从外地运过来的，盗猎虽然不需要多少成本，但是运输还是需要成本的，鸟贩子们自然不会那么轻易地放过这些小生命。他们把一群鸟卖给一批香客放生之后，就会在山下支一些小网，那些筋疲力尽的鸟儿飞出没多远，就又会落入陷阱，然后鸟贩子再把它们收回笼子里，再卖给下一批香客，如此反复，直到它们全死光为止。而那天，我抢在这些不法商贩前面发现了这个捕鸟点是因为他们被森警查处，收得不及时。那时候很多网上的小鸟其实已经死了，还有三只白头鹎和一只麻雀仍然活着。但是它们已经连眼睛都睁不开，也不再挣扎了，只是挂在网上喘着粗气。我用之前做鸟类环志的时候学到的解网术，把它们从网上解了下来。还有那些尸体，我也一并把它们取了下来。

我把尸体就近埋了，而那几个一息尚存的小可怜就被我一直捧在手心里。我把它们带到了旁边一个卖食品饮料的小摊上，买了一瓶水、一碗方便面还有两包纸巾。水是用来给它们喝的，因为它们这一天不知道被抓了放、放了抓多少次了，已经严重脱水，而且它们本身也在捕鸟网上挂了很长时间，那些极细的丝线紧紧勒在身上，时间长了会造成挤压综合征，严重的话会导致器官衰竭，也是需要大量喝水才可以提高救助成功率的。彼时我身上并没有带什么喂水的工具，而它们也虚弱到不能主动张开嘴喝我的水。所以我又跟老板要了一个喝可乐用的吸管。我用那个吸管蘸一点水，滴在它们嘴角，这样它们就会慢慢喝下去而不会被呛到。等每只鸟都喝了差不多 1 ~ 2 毫升水，我把那个方便面盒打开，把里面的面饼和调料包拿出来，又在四壁上扎了几个通气孔，然后再把纸巾撕碎，松松软软地，垫在方便面碗里，垫成厚厚的一层，这才把这四个小可怜放在那上面，然后我用随身携带的小毛巾把方便面盒顶上罩住了，又用一个皮筋儿把这个毛巾系好，带着它们回了学校。

我想靠我当志愿者时学来的野生动物救助技术来尽量挽救它们的生命。尽管，它们当时的生命体征在我看来已经是凶多吉少了。

我跟宿管阿姨打了声招呼，宿管阿姨听我说了前因后果，又在我一再保证它们只是被折腾得快死了，而不是得了传染病之后，表示可以暂时由我照顾它们两个晚上，但是一定要注意不能打扰到寝室的其他同学。而其实它们当时也的确早就没有什么力气去打扰别人了。四只小鸟都瘫在一个小小的方便面杯里，连抬头都很费劲。我每隔一个小时会用小滴管给它们的嘴角滴些生理盐水 —— 那是我买了口服补液盐，自己用水冲兑成的，每次喂之前我都用水浴的方式加热到触感温暖又不烫手。就这样照顾了它们一整个晚上，第二天早上天一亮，我就忙不迭地起来，看看它们的情况。遗憾的是其中一只白头鹎还是没有挺过来，另外两只白头鹎和那只麻雀倒是精神了许多。我把不幸死去的白头鹎埋在了寝室外面的柏树下，还用小砖头给它立了个碑。

另外两只白头鹎和那只麻雀稍微精神了之后就开始打架，那一个小小的方便面盒也容不得三只鸟在里面折腾。我只好又跑到学校超市，要了一个装酸奶的纸箱子，拿了一块纸板把中间隔开，两只白头鹎住一边，麻雀住在另一边。当时来不及去买虫，但幸好我抓虫子的技术比较高超。没一会儿我就抓了好几条尺蠖、蟋蟀，还拍了好多苍蝇。小家伙们倒是不客气，把我抓到的虫子都吃完了。眼见着再这样下去我这一天不用学习，得全天给它们抓虫子了，不得已，我趁着中午去食堂打饭的机会多买了好几个白煮蛋。吃完饭休息的时候，我又去买了点水果。因为白头鹎和麻雀倒是都能吃些水果的，而蛋白质也可以快速地帮它们恢复体力。就这样照顾了四天，三个小家伙就行动如常了。

麻雀我是直接在学校院子里放的，可是那两只白头鹎该在哪里放，我当时犯了愁。因为在我的概念里，它们是应该在南方分布的，若我在北京贸然把它们放了，它们可能因为适应不了北方冬季寒冷的气候而死掉，那我和那些盲目放生的香客也没什么区别。

那个时候我国的鸟类学专业相关网站并不太多，相关资料也很少。我当时能找到的一些资料并没有让我觉得可以在北京把它们放飞。那个时候，北京野生动物救护繁育中心还没有成立，我问过了北京动物园，他们也不会收这两只普普通通的小鸟，真是感觉求助无门。就在我一筹莫展的时候，有一个和我一起在北京猛禽救助中心当志愿者的大哥跟我说，他过段日子要去黄山玩，可以帮我把白头鹎带过去放掉。因为我知道他有一定的照顾动物的经验的，所以当即就欢天喜地地把两只白头鹎交给了他。

总算了了一桩心事。

白颊噪鹛和黑脸噪鹛

—— 有朋当如此

作为一个北方人，只有到南方出差的时候才能遇到白颊噪鹛和黑脸噪鹛。它们主要分布在我国长江以南的各省区市。而因为这两种鸟的分布地基本重合，且它们又都特别喜欢在城市绿地、农田，或者是近郊混群出没，所以同时遇到这两种鸟的概率也非常高。

这两种噪鹛都是雀形目噪鹛科的鸟类。它们和我们熟知的画眉一样，也是叫声非常悦耳的鸟。它们的体羽主要是棕黄色的。白颊噪鹛的脸蛋儿上有清晰的白色斑纹围着眼睛生长，而黑脸噪鹛，顾名思义，整个小脸都是黑色的。它们都很喜欢吃虫，也会吃一些浆果。两种噪鹛都经常会成四五只或十几只的小群在林间活动。两者也都不十分怕人。

因为我去南方的次数毕竟有限，所以并没有直接救助过这两种噪鹛，倒是另一种噪鹛 —— 橙翅噪鹛，我在云南救过几只。但是在所有的噪鹛中，我唯独对白颊噪鹛和黑脸噪鹛有着特殊的感情。

这还要从我大学的时候去厦门大学玩的事情说起。

都说年少轻狂，幸福时光。大学时代我最爱干的就是四处游玩。但凡碰上个能连休三五天假的时候，在学校里是肯定找不到我的 —— 不是上山、泡湿地，就是挑一些一直向往的地方去逛了。而我曾经因为严重的淋巴炎休学了一个学期，尽管我们学院的老师们非常照顾我，想让我在一个学期之内把两个学期的课程一起补回来，但是我自认为身体状况可能受不了那么高强度的学习，所以还是跟学校申请了推迟一年毕业。这样一来，我的空闲时间反而还比别人多得多了。我不但可以出去玩儿，还可以到周围的其他学校听我想听的课。那个时候各个学校对于上课的管理都不是特别严格，而我又经常出入周围的学校，所以还发生过隔壁学校的门卫一直以为我是他们学校学生的事情。

那个时候，互联网也已经开始兴起了。我正是天不怕地不怕的年纪，哪怕跑很远去见一个陌生网友这种放在现在一听就觉得很不靠谱的事情，当时的我也是兴致勃勃地付诸了行动。我是日本著名漫画《圣斗士星矢》的书迷。大学的时候正好也是国内同人圈兴起的时候，我在《圣斗士星矢》的同人论坛里面认识了好几个可爱的小姐姐。因为聊得非常开心，所以我们就决定找个时间聚一聚。结果大家一报地址，只有我一个是在北京，她们全都是南方人。有广东的，有上海的，还有三个是厦门大学的学生。后来我们一想，要不干脆大家就在厦门大学见个面好了，这样距离上也比较折中。我查了课表之后发现因为有两门课已经结课了，我有连续八天的空余时间，这对这趟旅行来说已经足够。于是我立刻像脱缰的野马一样跑到火车站买了票。当时北京到厦门要坐二十多个小时的火车，但对我来说，第一次见网友带来的兴奋完全可以让我感受不到旅途的疲劳。

到了厦门的时候已经是晚上了，我先找了个旅店住下。本来还想看看厦门的夜景，可是一洗完澡就觉得疲劳袭来，再也不想换衣服出去了。所以我第二天才有空好好打量这个城市。

清晨，伴着第一缕阳光，我走到街上。厦门真美啊，到处都是热带植物，满大街都是花儿，鸟儿们灵动的身影和婉转的鸣声就围绕在我的左右。我打了一辆车到厦门大学，一路上的美景看得我这个北方人简直心潮澎湃了。我给其中一个在厦门大学读书的姐姐（她当时在论坛里的ID开头是"C"，以下简称C姐）发了短信，但她大概已经在上课了，所以并没有回我。因为约的是中午见面，所以我也没有急，想在见她之前先到校园里逛一逛。一下车我就被厦门大学的绿化惊呆了，这里简直就是一个大公园。校园里有一个面积不小的人工湖，湖边还有一片小森林。湖里和树林里都有很多的鸟，白鹭就在湖边散步，两只鹊鸲就在离我不远的地方捉着虫子，一副怡然自得的样子。

一开始我还去看了看教学楼和路牌，逛着逛着，就开始放飞自我瞎溜达，要不是C姐下课了给我打电话，我还意识不到自己其实已经迷路了。紧接着我发现自己居然完全不知道该怎么走到约定地点。这时候，那个小姐姐在电话里跟我说："看到最高的那个楼了么？你一直向着那栋楼的方向走，我在楼下等你。"我大叹一声：楼高就是好！赶紧大步地向那个方向走去，总算和她"胜利会师"。C姐带我去了厦门大学的食堂，我虽然不太能吃得惯南方菜，但是和好朋友一起吃还是比较开心的。因为大家约定的正式见面时间是在晚上，所以中午我们小聚聊了一会儿就又散了。因为上午逛得意犹未尽，所以我又十分作死地向着之前还没逛完的小树林的方向走去，而且还特别有自信地认为自己不会再迷路了。结果事实证明：我也太高估我自己了。我根本就没有找到之前的那片小树林，反而是走到了另一片树林里。让我再次感慨了一下厦门大学院子里的树真是多呀。其实我一直抱着的是"反正有最高的标志性建筑物做参考，最后肯定不会迷路"的想法，所以干脆就在厦大的校园里乱逛起来。

渐渐地，一个人慢悠悠乱逛的穷极无聊感也开始凸现起来，尤其在我感觉累了的时候 —— 虽然我知道再晚几个小时我就可以见到网友，但就是因为一直还没见到，所以更觉得寂寞。于是我随便找了一个长凳坐了一下，漫无目的地看花、看树、看水、看小鸟。鸟语花香倒也宁静安详。

那些我生命中的飞羽

就在这个时候，我突然感觉耳边有两种不同的鸟鸣声很有意思：前一种，每一声都很尖，而且两声之间间隔比较长；后一种则是细细碎碎有高低起落，但是又不间断。于是我起了好奇心，伸长脖子，用力地往灌木丛深处看去。也许是我虽然好奇，但仍然保持了该有的礼节，并没有动身去灌木丛里翻找，那几个小家伙大概也觉得我对它们是没有威胁的，所以没一会儿它们反而是向我这个方向跳了出来。这时候我终于看清楚了它们的样子，那也是我第一次见到活的白颊噪鹛和黑脸噪鹛。它们在一起吃东西、理羽，又或者什么都不干只是呆立在枝头休息，仿佛根本就不是两个不同的物种。

这时候我才发现，叫声之间有间隔的是白颊噪鹛，而连续不间断的那一种是黑脸噪鹛。后来跟鸟友交流时，鸟友均道黑脸噪鹛是碎嘴，我听了真的深以为然。这近距离一听，发现它们确实够吵的，也真对得起名字里面那个"噪"字。不过话痨归话痨，它们的声音可一点儿都不难听 —— 细声细气的，可以说还有那么一点点婉转。而白颊噪鹛的叫声甚至可以说根本就是柔媚了。我坐的地方可能刚好是这一小群噪鹛们的常规领地。我看着它们东跳西跳，就在我周围几棵树的范围内活动，就这样陪我过了整整一下午，竟然让我的什么寂寞什么孤独都一扫而空了。

晚上大家一起聚餐的时候，我突然又想起来这些可爱的小鸟，其实它们也挺像我们的，各有各的不同习惯，也有相同的爱好，在一起相处的时候有自己的思路，但是一样能包容对方的思想，可以倾听对方的言语。即便是唱着不同的歌，还是可以愉快地一起玩耍。

而后来，我在某本小说里看到两个角色：一个话痨，整天不停地说；

另一个话很少，基本上说什么都是两个字。在小说里，性格迥异的两个人却焦不离孟，孟不离焦。小说的文笔很好，故事情节引人入胜，然而我看着看着，突然又想起厦大的那两种噪鹛，顿时笑不可抑。

　　世间的好朋友，大抵如此。

大天鹅

——带着我的理想一起飞

自古以来，天鹅都是深受人们喜爱的动物。人们歌颂它们的圣洁和美丽，歌颂它们忠贞的爱情，惊叹它们卓越的飞行能力。天鹅也一直被作为志存高远的代表——"燕雀安知鸿鹄之志"里面的"鹄"指的便是天鹅。不只我国人民喜欢它们，外国人民也喜欢它们。关于天鹅，最被世界人民熟悉的就是著名的《安徒生童话》里的《丑小鸭》。

分布于我国的天鹅有三种，分别是大天鹅、小天鹅和疣鼻天鹅，它们都是国家二级保护动物。其中最常见的是大天鹅。

大天鹅是典型的候鸟。每年二、三月份开始，它们从位于我国长江流域的大小湖泊、湿地开始北迁，途经东部沿海、华北和新疆等地，飞到位于西伯利亚、蒙古国和我国东北的繁殖地。在整个迁徙过程中，它们一般以夫妻和小家族为单元，一群大概有十几只到三十多只。它们很会利用气流来节省体力，所以迁徙队伍一会儿排成"人"字形，一会儿排成"一"字形，这也是我们自古以来对于雁形目鸟类迁徙一个最典型的印象。当然，其实不只大天鹅，很多大型鸟类也是以这种方式迁徙的。

等到了繁殖地，它们会和自己一直相伴的伴侣重新展开一场求偶仪式，这个仪式大部分是相对而唱，互相梳理羽毛。然后雌天鹅花 2 到 3 周的时间重新营一个巢并开始产卵。巢在水边的地上，很大，由大量长长的枯草叶等东西铺成，在最上面还有雌性大天鹅从自己腹部拔下来的一些绒羽。每窝卵大概有五六枚，多的有七八枚。孵卵工作也是由雌性独立完成的。而雄性全程会在附近担任警戒任务。这个时候的雄天鹅变得异常凶猛，它们可以与所有入侵领地的外来生物展开搏斗——从地上跑过的狐狸，到天空飞过的猛禽——哪怕胜算不多它们也会奋力一搏。

在雄性搏斗的过程中，雌性可能会用一些东西把巢中的卵掩盖一下，然后趁乱逃走。等过一会儿雌天鹅们觉得安全了，才会回来继续孵卵。大天鹅的孵卵期有一个多月。它们的宝宝是早成性的，刚出壳就会游泳。刚出壳的宝宝们会跟在父母身后，在水里悠然地游来游去。如果它们游累了就会开始耍赖，会爬到父母的背上，一头扎进父母雪白的翅膀里。而大天鹅父母就会像一艘航空母舰一样，载着宝宝们安稳地继续游着。丑小鸭的故事对于大天鹅宝宝的描述是这样的：他的毛灰灰的，嘴巴大大的，身子瘦瘦的。这个描述很准确。大天鹅宝宝小的时候没有其父母那样雪白的羽毛，而是灰扑扑的，看起来还有些脏。有人觉得这样很丑，然而在野外，这些脏兮兮的羽色却反而能给它们提供最好的保护。大天鹅宝宝们几乎是和父母形影不离的，不过有的时候敌人太有威胁，亲鸟也会把小宝宝们暂时藏在芦苇荡里自己飞走诱敌，确认安全了再回来找孩子们。

大天鹅的成长还是非常快的，大概到了九、十月份，小宝宝们就长得和父母一样大了，并且它们也已经换上了适合飞行的羽毛。这个时候，北方的天气已经转凉，食物也慢慢不好找了，所有大天鹅的队伍又开始踏上南迁的旅途。它们大多选择夜晚迁徙，因为这样可以躲开绝大部分猛禽的追击。不过大天鹅是可以飞上近万米高空的，即使是白天迁徙，也不是什么掠食动物都能对它们造成威胁。和来的时候一样，它们飞飞停停，在有水的地方停憩，吃些水草和植物的根茎来补充体力，或者偶尔到农田里找找吃的。大概到十一月份左右，北方基本上就没有大天鹅的踪迹了。不过它们到长江流域以后也不再往南飞，可以说得上是小富则安的典型了。

说到大天鹅，我和它的缘分还真是挺深。虽然每一次与它们相见都会留下点不那么快乐的回忆，但我觉得我还是难以割舍心中对它们的热爱。

在我上小学以前，有那么两年身体特别不好，每年都要住院好多天，吊针一打就是一个月。不明原因的持续性呕吐腹泻把我折磨得十分憔悴。当时我父亲还只是个高中语文老师，母亲也是电力系统的一个普通职工，家里快被我的病折腾得捉襟见肘了。然而我父母从来都非常乐观地面对。每次我身体有所好转，父亲就会很开心地带着我出去玩。那时候我家附近也没有什么大公园、儿童乐园或者游乐设施，而我想即便有的话，我对它们也不会特别感兴趣。我小的时候就特别喜欢往野地里跑，越是荒无人烟、柳暗花明、草长莺飞我越高兴。所以我父亲总会抽出时间来，骑着他的小摩托，带着我沿着江边去看风景。我家旁边有向海、莫莫格，还有查干湖，都是非常漂亮的湿地。那里有鸢，有鹤，有鹭，有大天鹅，有鸥……还有很多很多我小时候叫不出名字的鸟。之所以我不认识，是因为父亲也不认识。不过，他已经是倾尽所学，把他知道的所有鸟类的名字都告诉我了。而我在相当长的一段时间里，都过着见到个大鸟就说是天鹅，见到个儿高脖子长的就说是丹顶鹤的没心没肺的日子。

我一直以为这样快乐的日子可以永远不受打扰，但事实证明是我太天真。人这一生怎么可能不遇到几个混蛋呢？

有一天父亲带着我去查干湖看鸟。我们刚把摩托车停稳还没看多大一会儿，突然就听到"砰"的一声，紧接着，有什么东西径直掉进我们前方不远处的泡子里。父亲赶紧跑过去找，那是一只大天鹅——它还没有死，全身流着血在水上扑腾。当时应该已经入夏了，也就是说，大天鹅已经进入了繁殖季。这只成年天鹅的背后，很有可能还有一窝嗷嗷待哺的小宝宝。父亲心疼坏了，不管不顾地跳进水里，把天鹅捞了上来。然后他让我抱着天鹅，对我说："咱们赶快走，这只天鹅，说不定还有救。"我懵懵懂懂地抱着一只十分沉重的大天鹅，它还有挣扎的力气，几乎从我手上挣脱。而且，它在不停地惨叫，身上流出更多的血——这样的场景对我来说太可怕，我感觉自己已经快要晕过去了，但父亲当时已经顾不得那么多，把我抱到摩托车的后座上，他自己赶紧跑到前面去发动车子。可刚往前跑出没多远，就被后面一辆小面包车追上了。那车上下来好几个凶神恶煞的人，手里还拿着枪。当时已经是一脸蒙圈的我居然还能反应过来——天鹅就是他们打的。

我抱着天鹅，紧紧地靠在父亲身后。那几个人不停地催父亲把天鹅给他们，父亲好说歹说，甚至提出我们可以花钱将这只天鹅买下来，但他们就是不肯，而且在大声嚷嚷的过程中一直拿着枪在我们爷俩的头上比比划划。尽管当时我年龄尚小，可是已经有了对死的恐惧，也知道枪是什么东西——枪能打死天鹅，也能打死我们。我当时吓得连哭都不会了，眼睁睁地看着他们把天鹅从我手上拽走，然后，当着我的面，把天鹅的头拧了下来，还一脸得意地大声嚷着："我让你救！"然后我就感觉我的视野越来越窄，周围好像有一团黑雾慢慢地把我面前的场景给包围住，连那只天鹅的血、它折断的脖子还有那几个人我都看不清了。后来我父亲是怎么把我带回家的我就不是很清楚了。但在那之后我就一直发烧，本来就生着病的身体变得更加不好。我母亲也埋怨我父亲，怨他带我去那么危险的野外。

其实野外一点都不危险，危险的是人心。

后来很多年，我一直不敢去那个地方，更不敢想起那只大天鹅的样子，一想起来就忍不住想哭。而我还清晰地记得那几张脸，也许现在他们已经老迈，也许他们中的某些人早就不在人世了，但是，我至今看到和他们长得很像的人，居然还是压抑不住心中的厌恶，尽管我知道并不是长成那样的人都干过不法勾当。这也许算是一种心理阴影吧。上小学之后，我跟父亲说我要当警察，我要去抓尽天下的坏人，我要给天鹅报仇，我要给很多很多被那种人伤害的野生动物报仇。但我父亲说：这不是一个想要维护正义的人该有的心态。仇恨是解决不了任何问题的。而不管我多恨，那只大天鹅再也活不过来了。

我用了很长的时间消化这些话，又用了很长的时间平复自己的心情，当时我想的就是我一定要好好学习，一定要变得很强，这样我才可以保护那些需要我保护的人还有需要我保护的动物。也许这些东西在现在看来十分"中二"，但在相当长的时间里，我要靠它们才能走出痛苦。

高考的时候我报考了最喜欢的生物学相关专业并且被录取，也到我一直很憧憬的动物保护组织做了志愿者。当时真的是心满意足，我觉得我的这双手，我一直以来练就的力量、学习的知识，终于可以用来为那些野生动物做些事了。

大三那年快要放暑假的时候，父亲又捡了一只大天鹅。这次倒不是在之前那个地方，而且这只大天鹅受的也不是枪伤，因为国家对枪支的管制力度加大，我们那边已经很久都没有再出现过猎枪这些东西了。那只大天鹅应该是在风雨天撞到了什么地方，导致右翅闭合性骨折。从父亲打给我的电话中，我也只能听出它是骨折了。那个时候老家那边还没有野生动物救助中心，父亲也是辗转问了很多人，还问了镇上给鸡鸭看病的兽医，但他们都表示毫无办法 —— 从来没有给天鹅看病的经验，更不知道该怎么接骨。想来也是，在我们那里，大多数人不会对动物产生什么爱怜之情，如果是家禽家畜受伤生病的话，大部分的饲主就直接把它们杀掉了，又怎么可能会花费金钱和精力去给它们治伤呢？父亲当时急得团团转，给我打电话也是病急乱投医 —— 要知道我当时虽然学的是生物工程，但是和动物临床医学是一点儿边儿都不沾的，而我当时在北京猛禽救助中心做志愿者，也只是做清洗清洗笼舍、给动物喂食或者去救助人那里接一下伤病动物之类的工作，像骨折接合术这么高端的操作，我是没有任何经验的。

俗话说"没有吃过猪肉也见过猪跑"，虽然我没有上手操作过，好歹也是看过救助中心的兽医是怎么操作的。所以我跟父亲拍胸脯说："放着我来。"幸好当时大多数课都已经结课了，还剩下几门考试倒也不急，我跟老师请了几天假，买了车票就赶紧往家跑。到家之后一看，父亲倒是处置得妥帖。当时我叔叔他们单位有个厂房已经废弃了好多年，那里没有什么人，只有一个看厂房的大爷。我家跟大爷多少有点沾亲带故，所以父亲也常去看看他，给他带点烟茶菜肉之类。那个旧厂区里早已经是杂草丛生，几个厂房倒是还能进得去人，父亲就把大天鹅放在了厂房的一角，给它弄了个大木箱，里面铺上了厚厚的蒲草和芦苇。父亲怕它不停挣扎会让骨头错位得更厉害，就用一条麻布片把它整个松松地包住，只露出头和屁股。大天鹅面前摆着两个盆，一个盆里放了很多的菜叶青草，还有点玉米粒儿，另一个盆里放了很多的水。对于一个从来没有照顾过大天鹅的人来说，我觉得这样做已经是很不错了，所以我当即给了父亲一个大大的表扬，我说："老张同志做得很不错，同志们很欣慰。以后再有什么缺胳膊断腿的天鹅大雁就都交给你了。"逗得他一拍我脑袋笑骂："小兔崽子长本事了啊。"然而他又开始催我："快点给它接骨头吧，这几天疼得不停地叫，我已经快要受不了了。"

我们爷俩把天鹅抱了出来。天鹅当然不知道我们是要救它的，本来受伤疼痛就心情不佳，看着两个庞然大物鬼鬼祟祟地靠近似乎欲行不轨，当然是勃然大怒。但因为两个翅膀都被麻布片束缚着，它只好直直地伸长了脖子冲着我们的方向，这是天鹅在示威。而我迅速拿出我在救助中心时学过的捕捉并把持野鸟的标准动作，用一块毛巾罩住了它的头，然后把它夹了起来。父亲赶紧凑过来，又抓住了它不停挣扎蹬踹的两只小短腿儿。我说："爸，让你准备的袜子拿来了吗？"父亲立马拿了两双新袜子，在我的配合下，迅速掀开毛巾把袜子罩在它的头上。这让它当时看上去就像是一个被绑架来的肉票。不要笑，其实这是把持野生动物并使之安定的一个标准操作 —— 因为野鸟被人抓住的时候会非常紧张并导致严重的应激，应激再严重时可能会导致它们的死亡，而遮住它们的眼睛可以极大程度地减轻这种应激。同时又因为天鹅的"武器"主要就是它们强大的翅膀和有力的喙 —— 相信有很多人都曾经被家里养的鹅咬过，天鹅虽然和鹅的亲缘关系比较远，但它们的攻击方式是一样的。不同的是天鹅的力气比鹅还要大，而且咬住了人也不撒口。我们当时并没有麻药或者别的止痛措施，可以想见是会给它带来痛苦的，痛苦带来的挣扎和肌肉挛缩本来就不利于接骨，如果在这个过程中，操作人员被天鹅咬上一口因为疼痛而松了手，很可能还会前功尽弃。

固定好了天鹅，我把它受伤翅膀外面的麻布剪了一个口子，之所以没有把麻布整个解开，是因为我们还需要它帮我们控制住天鹅的另一边健康的翅膀。被天鹅翅膀拍上一下可不好受，据说发怒的天鹅曾经拍断过小牛的腿。我们自认为自己身上的零件并没有比小牛的腿结实到哪儿去，自然是不敢铤而走险的。一开始是父亲夹住天鹅，让我来帮它把已经错位的骨头做一个复位。但是那两根骨头已经错位三天了，断骨外有力的肌肉和韧带已经开始收缩，而且天鹅因为疼痛也在跟我较劲。以我的臂力实在难以把肌肉拉开。于是我提议跟父亲换一下，毕竟男士的力量总是比女孩儿的力量大很多。趁着换位的机会，我们又去问那个看门大爷要了些温水。用浸过温水的湿毛巾给天鹅骨折的地方稍微热敷了一下。我跟父亲大致讲了一下天鹅的尺桡骨在正确的位置应该是怎样一个角度和长度，还有复位的时候不能突然发力，要一点点缓缓地拉，至于复位之后是个什么手感，当时的我也没有经验，只好让父亲自行感觉了。我父亲虽然是一个文科生，但是他的动手能力极强，也可以算是天赋吧。热敷了五分钟之后，我们俩决定再试一回。这一次倒的确是很成功的，父亲把它错位的尺桡骨都推回了正确的位置，然后在上下都垫了很多棉花，又找来了之前我交代过他削好的树枝做夹板，牢牢地捆在了它的翅膀上。末了我们又拿了一条新的布片，将它的整个翅膀缠了两圈之后固定到了身体上。

那时我在救助中心学会了一种叫作"八字包扎"的包扎方式，他们用这个包扎方式救了很多翅膀或者锁骨骨折的鸟类。然而，就在我们正要庆祝大功告成的时候，那只天鹅一直以来的挣扎终于有了成果，它成功地将头顶的袜套蹭掉还甩飞了。因为它的头正被我夹在身后，所以我其实并没有注意到，而父亲正低头忙活着缠绷带的事，更加没有看到。也怪我实在是太疏忽大意了，以前我救的大部分鸟类脖子都没有天鹅这么长，更没有它们这样灵活，如果那些鸟类的脖子被我夹在身后的话，它们通常是没有办法回头咬我的。但这是天鹅呀，又聪明又强悍的天鹅！我当时突然觉得左肩上面一阵剧痛，"嗷"地嚎了一嗓子，整个人差点蹦了起来。那一瞬间，我意识到发生了什么。凭借多年被各种动物咬过的经验，我当时居然忍住了没有松手，更没有真的蹦起来。而父亲当时要按着固定用的夹板，没有办法松手，所以看我唰地变了脸色他也心疼着急得不得了。我说："爸，千万别松手，你赶快弄完再来救我。"于是父亲手忙脚乱地把剩下的部分绑完。但是等他真的过来解救我的时候，其实我左肩已经被那只天鹅拧得快没有知觉了。

　　等我们俩把一切都搞定，把天鹅放回铺满草的箱子，爷俩都感觉自己快要虚脱了。父亲因为要给它做复位，手臂要持续地发力，其实已经快要抽筋了。看着还冲着我们扬着脖子一脸愤怒的天鹅，我们俩嘿嘿傻笑了半天。回家的时候，我左肩已经冒出了一个面积不小的血疙瘩。怕我母亲看了心疼，我们父女俩还暗搓搓地跑到附近的商场买了件短袖衬衫罩在外面。这成了我们俩的众多小秘密之一。

　　因为考试临近，我在第三天就坐火车回了北京。肩上的伤看上去一天比一天可怕，刚开始是深红色，后来有几天居然都变成黑色了，摸上去像摸皮革，搞得我一直担心这块皮肉会不会坏死。不过我用手指试探性地按一按，"皮革"下面还有痛感，周围也没有太过红肿，更没有什么组织液流出来。所以我想应该等这些淤血都被吸收掉了就没事了。事实证明我的判断是正确的。只不过我们学校当时还是公共浴室，我去洗澡的时候倒是吓到过别的妹子。

有一天下午刚考完一门试的时候，父亲打电话给我，兴致勃勃地说那只天鹅精神状态不错，食欲也不错。他准备挖一个水池让它玩。反正它身上也没有开放性伤口，不用担心感染。看它每天只能在荒草地上走来走去怪可怜的。我说："好呀，好呀，那你挖吧。"于是父亲就在那个废工厂的院子里折腾开了。据说，那个水池他和看门大爷两个人花了两天的时间才挖好。因为工厂的供水并没有停，所以蓄水也很方便。反正在父亲给我的电话里就能听到他特别有成就感地说："闺女，水池挖好了，天鹅很高兴。我还给它买了二十条小鲫鱼。"我听了之后莫名其妙地问："天鹅不吃鱼呀，买那么多鱼干啥？"父亲呵呵傻乐："对呀，我知道呀。但是我想单一只天鹅在这里孤孤单单的，还不如买一些鱼给它做伴。"我一时语塞，反正老头高兴就好，随他去吧。然而，又过了一天，父亲在给我打电话的时候，在电话这头都能听得出来他有多沮丧。他说：水塘倒是挖好了，但是底部忘了做防漏。他第二天去看的时候，水已经全渗走了，那个水塘变成了泥潭，二十条小鲫鱼在差不多只有十厘米深的一点点水里扑腾着，而天鹅就在水塘边上，仿佛用关爱傻子的眼神关爱着他。我再次无语。

等我正式放暑假回到家中的时候，那只天鹅的骨折已经好得七七八八了。但是因为父亲并不知道应该怎么给它做物理康复，所以它的肌肉和韧带还是受了很大的影响。它的右翅并不能像正常的左翅那样舒展得那么开，还是只能满地乱跑。那个暑假，我和父亲三天两头就得把它抱出来，一个抱着身子夹着头，另一个帮它强制活动翅膀。终于在我快开学的时候，这只大天鹅可以飞了。于是那个废旧的厂房整个就变成它的地盘，因为厂房里面有水，又有很多的草，并不用担心它会没有吃的，但父亲还是不放心，还是每天去给它撒很多的菜叶和玉米。它对我父亲也不再有特别强烈的敌意了，当人走近的时候，它会稍微远离，但是只要我父亲后撤一些，它就会上来把那些菜叶、玉米吃掉。正式放飞它的时候，我没有看见，听父亲说是抱到向海放飞的。据说它当时飞得很不错，还叫了几嗓子。父亲作为一个文科生，这个时候莫名其妙的浪漫感又发作了，他非说那是天鹅在向他致谢。然而至今我仍然觉得那是天鹅在骂街，比如"老子可算是离开你们这些愚蠢的人类了，拜拜了您呐"。因为那之后不久，整个北方的大天鹅就应该开始迁徙了，我希望那只天鹅可以顺利飞到南方。然而因为当时我们并没有做 GPS 监控的条件，一切都不得而知。

现在再看到天鹅，尤其是它们离我比较近的时候，我左肩就会莫名地有点儿发紧。但这并不妨碍我仍然觉得它们是聪明、强大和美丽的。再遇到受伤的天鹅，我当然还会救。不过近些年我国各地的动物救助中心都开始兴建，以后会有更专业的单位给它们提供更好的帮助了。

$\frac{1}{4}$

环颈雉

—— 可别飞到饭锅里

东北有句老话叫"棒打狍子瓢舀鱼，野鸡飞进饭锅里"，用来形容东北一带的野生动物资源丰富。这里的野鸡指的就是环颈雉，也叫雉鸡。然而现在，狍子少见了，因为水体污染严重，鱼也不好吃了，别说野鸡不会飞进饭锅，连麻雀都少得可怜。大概是因为我国曾经经历过漫长的战争和饥荒，导致很多人见到野生动物之后，第一个念头想到的不是动物的可爱、自然的美好，而只有一个字：吃。另外还有一种畸形的理念认为越是野生的越好吃，以至于明明有了那么多人工饲养的家禽家畜，还是有很多人将罪恶的手伸向本来就已经岌岌可危的野生动物。

　　我第一次见到环颈雉不是在野外，而是在过年时路边卖年货的小摊上。它们已经在北方凛冽的寒风中冻成了冰坨。是的，我看到的是尸体—— 被绳子穿起来，挂在木杆木架上的尸体。它们长长的尾羽在寒风中颤抖着，紧紧闭着的眼睛，身上冻成冰碴儿的血迹，昭示着它们死得是那样的痛苦。当时的野生动物保护法还未能惠及它们，而我也还不是一个十分有法治观念的人。我知道我已经救不了它们，所以只好转移视线，加快脚步，从这些摊贩前快速走过。而心里却控制不住地咒骂着这些人贪得无厌，残忍至极，迟早恶有恶报的。我当然知道这是无可奈何之下的自我催眠，但在那样的情况下，也实在是一筹莫展。不像现在，如果我路过这些可疑的摊位，一旦确认这些动物是盗猎自野外的，我会毫不犹豫地报警。期待报应总不如期待法律来得实际。

　　真正看到活生生的雉鸡是在我十几岁的时候了。那时候，我和父亲到附近的一个湿地去玩。父亲对那个湿地还是有很多特殊的情感的 ——据说有一年发大水，他路过那个地方时水已经没过了路面，但是要回家又没有别的路了，他只好涉水回家，结果不小心摔了一跤，居然坐死了一条鱼。那时候家里日子过得紧巴巴的，父亲哭笑不得地把鱼拖回家，全家人好好地开了一顿荤。自打我开始能跑能跳，能上房揭瓦的时候，父亲就经常带我去那个湿地附近散步，当然不是在期待再坐死什么鱼，而是因为那边的风景实在不错，还有很多种鸟可以看。有一次我们坐在一个土堆上休息，突然一只雄性雉鸡蹦了出来，离我们最多十米远，看到我们坐在那里的时候，它明显一愣。大概过了四五秒钟，它又唰地一下钻回了草丛里。因为角度问题，我看不清它的全身，唯独记住了它红红的脸蛋、绿绿的脑袋和脖子上那一圈白"围脖"。我和父亲面面相觑了一下，赶紧溜下土堆，蹲在草丛里，就像两个刚要行窃却不小心被发现的小偷一样心虚。

父亲说："咱俩刚才是不是把它吓到了？"我说大概好像也许是的。然后父亲挠挠头，跟我说："儿子啊（虽然我是女孩，但父亲通常会叫我儿子），要不咱俩别露头，就这样蹲着走一会儿。"我点头表示同意。于是我们两就在草丛里面特别猥琐地蹲着前进了一段儿。具体是多远我现在记不太清了，也许是二三十米，又或者更远一点。反正时间挺长，而且一路上还要小心不要碰到别的鸟的巢或者蜘蛛网之类的东西。走得我腿都酸了，我一边揉腿一边跟我父亲说："爹呀，够远了吧？要不咱俩站起来猫着腰走？"于是我们两又站起来猫着腰走了一会儿。走着走着腰也酸了，终于感觉我们大概到了一个安全的距离，不会给那只雉鸡造成什么困扰了，才放心地直起腰慢慢走。又走了一会儿，我一拍脑袋跟父亲说："爹呀，你说那只野鸡会不会已经发现我们，然后正等着我们从什么地方冒出来，它好见招拆招。咱们俩这样不声不响地走了，它会不会觉得咱俩可能也在埋伏它，然后像相声里面那个等着楼上扔第二只鞋的人一样，一等等一天呀？你说咱俩要不要回去，重新在它面前走开一次？"父亲表示无法理解我画风清奇的脑回路。然后拽着我离开了。

现在想想，无知给了我过大的想象空间。鸟类的听力一般都非常敏锐，光从草丛里面窸窸窣窣的声音逐渐远去它就能判断出我们离开了。如果我们当时真的又回去重走一遍，它才会觉得我们是盯上它的掠食动物，心里指不定多不爽呢。

那个季节也在繁殖期，说不定那只环颈雉身后，还有它的一家老小。

环颈雉是一雄多雌制，雄鸟主要负责到处找妹子，孵卵的事就全都交给雌性来做。因为环颈雉是杂食性，所以它们不用走太远就可以找到食物。每天，雌性环颈雉还是有相当一部分时间可以出来觅食，然后再回去孵卵的。它们的孵卵期通常只有二十多天。二十多天后，小雏鸡用它们发达的卵齿啄破卵壳钻出来，开始自己惊险刺激的一生。孵卵期的雌鸟非常恋巢，曾经有过山火发生时，雌性环颈雉不愿意离开还未孵化的卵，最后和孩子们一起被活活烧死在巢里的新闻。在整个孵卵期，雄鸟都在雌鸟们的巢附近徘徊，一旦发现有掠食动物靠近，它们可能会做出一些非常惊人的举动——舍身诱敌，将敌人引离巢区。说是舍身诱敌，其实又有一些小小的奸诈在里面。它们会突然垂下一边翅膀，或者踉踉跄跄地从草丛里跑出来，跑得不那么快，给掠食动物一点随时能追上它的希望。要知道掠食动物一般都会优先选择老弱病残攻击，像这样一个伤残者是它们最好的攻击对象。多数情况下掠食动物就会去追这只"伤残"的环颈雉，不会再理会孵卵中的雌性或者已经孵出来的幼雏。一旦跑到远离巢区的时候，雄性环颈雉会突然恢复常态，扇扇翅膀迅速飞走。因为身体太沉而翅膀短小，它们飞不高也飞不远。但只要飞出一段距离，一般就可以躲过追杀。这个伎俩的成功率非常高，大多数情况下，诱敌的环颈雉都可以逃出生天，它的妻儿们也可安然无恙。当然也有一不小心玩儿脱了的情况。但是雄鸟在育雏期本来能提供的食物和照顾就不多，孩子也不需要它们来带大，所以即使雄鸟损失了，雌鸟也可以继续照看孩子们。

环颈雉是早成鸟，它们刚出壳就可以跟在父母后面跑跑跳跳，并且学着父母的样子找东西吃，不需要父母一口一口地喂到嘴里。只要有亲鸟带着，它们要填饱肚子是很容易的事，又或者当它们基本长出正羽的时候，即使双亲都不在了也可以有一定的概率活下来。比起晚成鸟的父母，早成鸟父母在哺育后代方面花费的时间和能量都要少，所以它们每窝才敢产这么多卵。然而雏幼鸟里总有那些走着走着就因为好奇其他东西而掉队，或者掉进什么缝隙里上不来，又或者当有天敌来袭的时候乱跑没有跟上大部队或者干脆就被天敌成功捕食的，以至于即使雌鸟如此高产，到最后能顺利长到成年的可能也只有那么三四只，年景好的时候也可能活下来十来只，成活率并不高。再看晚成鸟，需要双亲在哺育后代方面付出相当多的时间和精力，还要教孩子们捕食，所以它们一般一次不会产太多卵。但是它们会有更隐蔽的巢，不容易被天敌发现。不管是卵还是雏幼鸟，在发育期的安全系数都要高很多。晚成鸟里有些是双亲共同哺育后代，有一方损失则剩下的一方压力变大，后代成活率可能大大降

我们救助的环颈雉

低；更有些则是一方警戒，一方哺育后代，比如雀鹰，雄性几乎完全不会喂养后代，一旦雌鸟死亡，则雄性可能会眼睁睁看着孩子们饿死。然而从整体来看，晚成鸟雏幼鸟的成活率却是要比早成鸟高很多的。当然大自然并不是如此绝对，比如鸥类这种居间型 —— 雏幼鸟一出壳就会跑会跳，形态上算是早成性，但却还需要父母喂养到长出正羽，习性上属于晚成性。

刚刚成年的环颈雉雌雄都是一样的羽色，就是那种浅灰褐类似树皮的颜色。这有利于雄性少年躲开来自雄性成年个体的打压。然而它们一岁就可以达到性成熟。这个时候，少年已经变成了青年，它们开始换上跟自己的父亲一样绚丽的体羽，长出红红的脸蛋儿。它们头部绿色、颈部白色，身上则主要是金色和灰色，还会长出长长的带着斑点的中央尾羽。繁殖季节到来，它们开始向雌性展示自己多彩的羽毛和曼妙的舞姿。英俊的小伙子们围着姑娘团团转，先展示自己一侧的华服，然后转个圈儿再展示自己另一边的华服。这时它们脚上的距也开始变长，直到变成匕首一样的凶器。雄性环颈雉间的打斗通常是激烈的，甚至是你死我活的。我父亲曾经捡到过一只跟同类打架差点被戳瞎眼睛的环颈雉。虽说像这种自然的淘汰可以不用干预，但我父亲还是于心不忍把它带回了家，给它伤口涂了药，还口服了抗生素。然后按照我的建议，把它放在了一个大纸箱里，每天好吃好喝地伺候了一个多月才放飞。当时我并不在家，所以既没有赶上照顾它，也没有赶上那激动人心的放飞。据我父亲说，还是放到了当初捡到它的地方，也不知道当初和它争斗的那个"情敌"现在怎么样，会不会跟它"仇雉相见，分外眼红"。它们的繁殖期没过，它还有机会再去找姑娘留下自己的后代。我父亲还跟我说，我叔叔单位的旧厂房废弃之后杂草丛生，后来开始有环颈雉出没。他经常去那里看环颈雉带着小宝宝们在杂草间进进出出。有一次几个小伙子拿着弹弓过去想打它们，还是我父亲拎着铁锹把他们赶跑的。

大学期间我给好几个野生动物救助组织做志愿者，其中一个是北京猛禽救助中心。我在那里的志愿工作是清扫笼舍、喂食、接鸟和放鸟。有一次，我们接到求助电话，说是屋里飞来一只鹰，正在不停撞玻璃，让我们赶紧去解救它。等我到的时候发现，其实飞进屋里的只是一只雌性环颈雉。彼时它很惊恐，救助人也很惊恐。而我实在不太好意思当着救助人的面就这样笑出来，所以也只是跟她说明了一下这不是猛禽，但我们可以暂做收容并且帮忙检查治疗以及做后续处理，然后赶紧带着鸟离开了。那只环颈雉其实并没有什么问题，它大概只是被什么天敌追得慌不择路，才会误入建筑。我们给它做了一个简单的检查还有补液治疗，第二天早上便寻了一个安静的林地放飞了。

还有一次我开车去野鸭湖观鸟。因为起得有点晚了，心里着急，所以车速稍微快了一点。突然一只雌性环颈雉从路边的农田里蹿了出来，尽管我立刻就踩了刹车，但好像还是把它蹭到了，因为我听到弱弱的"噗"的一声，而且余光扫到那只环颈雉被弹到了路另一边的田地里不动了。我当时又惊又特别难受，赶紧把车挪到路边，跑下车去查看它的伤势。它双目紧闭地躺在草丛里，外表看不出什么伤势，但是我清楚，很多时候一些致命伤从外面是看不出端倪的。我把它抱在怀里，仔细地从头到脚触摸了一遍，倒是也没有骨折。当时手边也没有任何的医疗设备，无法去听它的心跳，我不得已拨开它翅膀内侧肘关节附近的羽毛，去看它

　　　　　　　　　　　那些我生命中的飞羽

脉搏的跳动。像成年环颈雉这么大的鸟类，因为皮肤很薄，所以脉搏比较容易被观察到。随即，我又撬开它的喙，帮它清理掉口腔里面不知是因为惊吓还是之前飞行劳累而产生的一些黏液，发现它的气管开口还是有些轻微的扩张和收缩，证明它呼吸也没有问题，而且口腔里没有血迹，这才稍稍地松了一口气。我把它抱到车里，找了条毛巾垫着安置在副驾驶位置上。刚好早上吃快餐剩下的吸管还没有扔，赶紧拿吸管吸了一些清水，轻轻地滴在它的嘴角让它慢慢饮下。它在昏迷中还有一些吞咽反应，这使我更增加了信心。就那样，从早上五六点钟一直等到八点多，它才悠悠转醒。

我欣喜地看到它刚一醒就在座位上扑腾起来，并且开始乱撞车窗。那天租的车副驾位置的车窗坏了，我只好下车帮它打开车门，像请公主一样把它请下了车。而它冲出车门后头也不回地飞走了。那以后，我即使开在前后无人的村镇道路上，也基本只保持 40km/h 左右的车速。我可不想让同样的惊魂时刻再发生一次。说实话，每次在公路上看到那些出了车祸的小生命，有的还有完整尸体，有的则已经被轧成一片牢牢粘在了路上，我都十分难受。其实我们只要稍微放缓一下车速，大多数时候是可以避免悲剧发生的，而且其实绝大多数情况下我们实在没有什么急事。

现在不管我去郊外露营还是单纯观鸟，耳边都能时不时听见环颈雉那简短却高亢的叫声。即使我形单影只，也丝毫不觉得孤寂。或许有一天，野鸡飞到饭锅里的盛况可以重现。但我希望如果真有那么一天，等着它们的不是饭锅，而是人们的爱护。

环颈雉 —— 可别飞到饭锅里

三宝鸟

—— 一场误会引发的冷暖

三宝鸟属于佛法僧目，佛法僧科，三宝鸟属。"佛法僧"这个奇怪的名字最初源自一个误会。据说一位日本高僧，号空海，经常在日落前后听到林子里传来类似"boposo"的声音。而这时他又看到林子里飞出了这种深蓝色体羽、长着红嘴的小鸟。由于这个"boposo"的声音像日语的佛法僧——"仏法の僧"，而"佛、法、僧"为佛教三宝，所以他就用"三宝鸟"来命名这种小鸟。公元806年，空海大师由中国回到日本，在高野山的金刚峰寺，写下三宝鸟"闲林"七绝，成为有关佛法僧三宝鸟的著名诗歌，诗云："闲林独坐草堂晓，三宝之声闻一鸟。一鸟有声人有心，声心云水俱了了。"后来的科学家们将"三宝鸟"定为这种小鸟的中文标准名，又用"佛法僧"来命名和这个小鸟同科乃至同目的其他鸟类。然而，1935年6月，有一位科学家向着发出"boposo"声音的地方开了一枪，结果发现掉下来的其实是一只红角鸮，说明之前的命名是一场误会，然而佛法僧这个目的命名基本上已经改不了了。当然，三宝鸟的名字也改不了了。

　　三宝鸟在我国有广泛分布，它们喜欢栖息在山地或者平原的林地边缘，尤其喜欢有水的地方。它们喜欢营巢于树洞或者岩壁孔洞等地方，也会利用喜鹊等鸟类的弃巢。它们尤其喜欢吃昆虫等节肢动物，属于典型的农林益鸟。佛法僧目鸟类飞起来的姿势一般都十分笨重，让人感觉它随时都会掉在地上。经常有人能观察到佛法僧被很多其他小鸟围攻，那是因为它们的头部尤其是喙长得有些像猛禽。

　　这不怪其他小鸟会看错，有些人也会看错。十几年前我刚刚到北京猛禽救助中心当志愿者的时候，有一天，当时的康复师交给我一个任务，就是去昌平某小区接一只小型猛禽回来。那个时候还没有微信等即时通信工具，遇到使用老式手机的救助人也不会彩信传图，偶尔就会有接错的时候。

那一次的救助人信誓旦旦地跟我们说他捡到的绝对是一只猛禽，因为咬人很疼，而且我们跟他再三询问这只鸟的上喙是不是有向下弯的钩，他也保证它的上喙绝对是带钩的。于是我就一个人拎着专业救助箱踏上了征程。然而等我到了救助人家里的时候，发现鸟笼子里面放的是只三宝鸟，我整个人稍微有些崩溃。但是既然都已经到了干脆也别白跑一趟，三宝鸟也是需要救助的，于是我就跟中心的康复师商量将它接回救助中心休养，之后是直接放归还是转移安置，都要看它恢复的情况。康复师同意后，我把这些都告知了救助人，在征得他的同意后，将三宝鸟从笼子里转移到专业运输箱里带走了。

那个时候我还没有考驾照，所以有接鸟或放鸟任务都是坐公交车来回的。我拎着箱子走到车站，有三个阿姨站在公交站牌底下，看见我过来，其中两个阿姨没有说什么，但是有一位阿姨明显皱了皱鼻子，然后向一边让了让。我低头看看自己——穿着虽然比较旧的工作服但是洗得很干净，脚上一双旧球鞋，手里拎着一个塑料板箱子，除了看上去有点穷酸也没什么异样啊。不过我也识趣地没有往前凑，而是向后退了退。过了一会儿公交车来了，司机看我拎着箱子上去，特意问了一下这是什么。我跟他解释了一下这是一只比较虚弱的三宝鸟，而我是救助中心的志愿者，要把它带回去救治，司机表示理解，然后让我尽量靠后坐。我走到后座的时候发现已经没有空座了，于是我就拎着箱子站在过道上。

当时也是没太注意我身后就是之前对我表示了明显厌恶的那个阿姨。当我把装鸟的箱子刚刚放下，那个阿姨突然伸出脚来踢了箱子一脚，然后非常不客气地说了一句："什么东西啊，别放在我这儿！"我当时特别心疼里面已经有点虚弱的三宝鸟，但碍于中心志愿者的身份，也不好直接跟她吵起来，所以我就把那个箱子往旁边挪了至少三四个座位那么远，心想这样一来应该不会影响她了吧。但是过了四五站地以后，我就又听她用那种后面车厢的人几乎都能听见的声音说："怎么那么臭？"我仔细闻了闻自己身上又蹲下闻了闻那个箱子，箱子里面的确是有一点点的鸟屎味，但属于那种不蹲下仔细闻根本闻不到的程度，说实话，我感觉是在我可以接受的范围内，但也保不齐有的人嗅觉十分灵敏。所以我又把箱子往远挪了一个座位的距离，这下我几乎就站在公交车的后门处了。那边都是单排座，于是我就询问了一下我面前的几位乘客会不会觉得臭。这几位乘客中有一位大叔笑呵呵地看着我说没事儿，另一位大哥可能脾气比较火爆，说话也比较冲，就直接来了一句："哪来的臭味我咋闻不到？"那位大哥说这句话的时候，我感觉鼻子一阵酸。但是还没有等我说出什么话来，之前那位阿姨就火冒三丈地站起来大声喊了句："我要下车！"当时车还没有到站，前面的司机并没有理会她。这时候，那个阿姨居然跑了过来狠狠踹了车后门一脚，用一种近乎歇斯底里的声音大喊："我说我要下车！我就要下车！"我当时真的有点吓到了，我怕她再冲过来踢箱子，赶紧蹲下把箱子护在怀里。旁边那个大哥拉了我一把，然后站起来挡到我前面。司机大叔当然不可能给她停车，她就又踹了几下门。这个时候，后车厢的售票员大叔爆发了，朝着那个阿姨喊了一大串话，大意就是"别人都没有什么意见，怎么就你这么多事儿？车还没有到站，有规定不能停车，凭什么为你一个人停？"因为我当时刚来北京读大学不久，不太能听得懂北京的一些方言，所以也就是朦朦胧胧听了个大概。只是记得售票员大叔喊完那一通之后，那位阿姨就赌气回了座位，然后再也没了什么别的话。说实话，那是我在北京第一次感觉自己受到了歧视，也是第一次感觉到身边还有那么多人愿意仗义执言的温暖。

到了下一个公交站之后，为了避免影响车里的其他乘客，我下了车，那位一直吵着的阿姨反而没有下来。我也怕再引起类似的矛盾，所以接下来没有选择公交车，而是直接坐计程车回了救助中心。救助中心的工作人员按照救助猛禽的流程给这只三宝鸟做了一个系统的检查，发现它极瘦，龙骨突两边的胸大肌已经很薄了，但是并没有其他的外伤，精神状况也还好，所以就决定给它喂些吃的，等它养好身体再找个有水的地方放飞。

只可惜因为当时快要到期末了，我有很多考试，所以去中心的时间也比较少，最后放飞它的并不是我。希望它的世界里也能充满温暖。

红角鸮

—— 我的许多"第一次"都给了你

红角鸮是我国体型最小的鸮形目猛禽之一，它们的体长其实只比麻雀长了一点点而已。它们有着圆滚滚的身材，大大的圆脑袋，黄黄的圆溜溜的小眼睛，头顶有着并不长的耳羽簇，尖尖地支起来看上去就像两个小犄角一样。尽管这十几年来，大大小小的猛禽我已经救过不少，但是红角鸮永远能戳中我心中最柔软的那一片地方。

　　红角鸮在北京是夏候鸟，它们五月份才会在北京开始繁殖。猛禽对于伴侣都是比较忠贞的，红角鸮也不例外。它们在每个繁殖期结束的时候分道扬镳，各自踏上迁徙的旅程，然而第二年繁殖期再临的时候，它们还会再去上次的那个地方，和从前的伴侣再一次组成家庭，生儿育女。当然，这种忠贞也是相对而言的，如果夫妻中一方不幸遇难的话，剩下的那一只很快会再寻找新的伴侣。

　　红角鸮求偶的鸣声也很奇特，听起来就像轻轻地喊着"王刚～哥～"，所以我们曾经戏称它们是"王刚他弟"。它们一般选择啄木鸟废弃的树洞来产卵，每年会产一窝卵，每窝大概有 4 到 8 枚。在食物不充足的情况下，先出来的小宝宝可能会欺负后出来的小宝宝，然而在食物充足的情况下，强壮的小宝宝就可能会有保护弟弟妹妹的行为。在我们救助的红角鸮小宝宝里面，哪怕它们原本并不是来自同一个家庭，在相遇的时候还是紧紧地站在一起。那些年龄比较大也比较强壮的小家伙会在外面对我们做一些示威动作，而年纪小的宝宝们就缩在最里面由着哥哥姐姐们翼护。当然也不全是安静地躲着，也有可能眨着它们那绿豆大的小黄眼睛，或者一边叩击着上下喙发出轻轻的"咔哒咔哒"的声音。这不是红角鸮特有的示威动作，很多鸮形目猛禽都会。我们可以通俗地将其理解为骂街。是的，它们弱小、可怜又无助，但是特别会"骂人"。而那些被救助的成年个体，每年也能找出那么一两个心特别大的，即使身陷囹圄还不忘了求偶。

其实这"王刚哥～王刚哥～"的声音，我小的时候就听过。但是等我真正见到它们的样子却是在大学的时候。有一次我去北大看话剧，话剧结束之后，我想在北大那美好的校园里散散心，于是就乱逛起来。逛到人工湖附近时，突然在一棵大槐树上发现了一只正在休憩着的小猫头鹰。它应该是闭着眼睛在假寐。树下人来人往，不止我一个。但不知为什么，它之前一直老僧入定一样，突然好像发现了我，半睁开眼睛像是向树下看来。而我感觉自己偷窥还被当事鸟发现了，赶紧低下头，灰溜溜地跑掉了。后来我找了很多的图书馆，都没有找到能让我准确辨认它的图鉴，无奈只能作罢。要不是再后来我有机会到北京猛禽救助中心做志愿者，可能一辈子也不会知道它叫什么。

在做志愿者的时候，我第一次独立接鸟，接的就是红角鸮。当时是北京市丰台区的一个大妈在自家的楼下发现了一只飞不起来的小猫头鹰，于是便把它送到了居委会。在居委会给我们打求助电话的时候，我们再三言明猫头鹰是非常容易应激的动物，所以要给它营造一个黑暗安静的环境，最好不要让它看到人。这样有利于后期的康复，甚至可以救它一命。可是等我到那里的时候，发现居委会的办公室里围满了人，每个人都是听说这里救了一只国家二级保护动物过来围观的。红角鸮，小小的一只被扣在那种有网眼的垃圾桶里，已经吓得都快僵硬掉了。我赶紧把它转移到我们专用的运输箱里，办好了手续之后，用最快的速度离开了那个吵闹的地方。其间还遇到了好事者上来搭讪，问这个东西好不好吃多少钱卖不卖之类的，被我一概以"国家二级保护动物，未经林业部门许可捕捉买卖饲养都是违法行为"给堵回去了。虽然我脸上努力挂着职业的笑容，但我心里真的是有点气的。不过救助人大妈和居委会的负责人还是非常关心这只红角鸮的救助情况，后来也时常打电话过来问。而我其实也惦记着它，一周之后就立刻迫不及待地跑去做志愿服务。中心的工作人员告诉我它恢复得很好。我给笼舍里添食物的时候抬眼看着已经站上了很高的栖架上的小团子，它和它的小伙伴们正在对我叩喙眨眼，一片热闹。而我在给它们添了食物和水之后，立刻礼貌性地表示了一下害怕，其表现形式就是尽快退了出来。我想它们应该还觉得挺有成就感的吧，毕竟吓跑了这么大一只怪兽。后来，也是我把它带出去放飞的。因为放飞猫头鹰最好选在夜间，所以我其实根本就没有看清它当时到底是什么样的表情。只记得我刚一打开盒子，一个小小的黑影一下子就不见了，连一点点声音都没有发出。

后来我第一次经历的伤重不治的患者也是一只红角鸮。如果说在去北京猛禽救助中心做志愿者之前，我的救助还只能说是勉强为之，那么，救助中心的培训让我觉得自己应该可以帮助它们更多。当然我并没有自大到认为自己能够百分之百妙手回春。但是第一次眼睁睁地看着它死去，而自己根本无能为力的时候，我还是哭得一塌糊涂。那是一只严重撞伤的红角鸮，它到救助中心的时候，嘴里已经全都是血了，显然它的内脏有破裂。虽然我们给它做了各种抢救措施，可还是眼睁睁地看它的呼吸渐渐变弱乃至停止，而听诊器里传出的心跳声也越来越弱，直到完全消失。根据工作要求，我们要对它进行尸检。我其实最怕的就是解剖尸体，明明上一刻还鲜活的生命，这一刻就变成了僵硬的尸体，甚至你还要拿刀把它剖开去看它刚刚还在工作的五脏六腑。这种场景，在相当长的一段时间里我是完全不敢面对的。如果当初我有这个勇气，高考报志愿的时候我就去选动物医学专业，而不是生物工程了。但是既然我选择了这个职业，那我就必须学会面对。我只好不停地安慰自己：剖检找出死因，是为了更好地帮助下一只出现同样问题的动物。再说，它已经死了，已经感受不到疼痛了。在做了很久的心理建设之后，我才颤抖着拿起了解剖刀。解剖的过程太过血腥，我就不说了。尸检结果显示，它的肝脏和脾脏都因为撞击而破裂了，严重的内出血导致了出血性休克，它就是因为这个才死亡的。确认死因之后，我像人类的法医一样将它的内脏又放回原处，并且将它的皮肤和羽毛又整理回原来的样子。它静静地躺在解剖台上，就像睡着了一样。而我还在泪流满面。

　　到现在为止，我已经救了几百只红角鸮了。有成年的，也有小宝宝。它们都太小了，像一个个长着翅膀的猕猴桃。每年繁殖期的时候，中心就会接收很多红角鸮，体检的时候基本上都是一组一组来的。每次打开运输箱，看到里面十几只的小"猕猴桃"都在晃悠着、叩着喙、眨着小黄眼睛向我示威，都会不自觉地笑出来。不是笑它们不自量力，而是开心于它们每一个都平安健康，未来充满希望。

黄脚三趾鹑

—— 最配合的"患者"

黄脚三趾鹑是鸻形目三趾鹑科的鸟类。看看它们名字里这个"鹑"字就能知道它们长得和鸡形目的鹌鹑非常像。它们都是短腿小胖墩儿，头也很小。而"三趾"两个字就清晰地说明了它们和鹌鹑的一个显著不同之处：鹌鹑有四个脚趾，三趾朝前，一趾朝后；而三趾鹑科的鸟类却往往只有三个朝前的脚趾，朝后的那个大趾基本上已经退化了，只剩下一点痕迹。黄脚三趾鹑喜欢在农田或者草地里面隐藏，它们的巢非常简陋，就是在地上蹭出一个坑，往里面随便铺点草就完成了。不过，黄脚三趾鹑的繁殖策略非常有意思 —— 它们是一妻多夫制的。雌性黄脚三趾鹑的个体比雄性大很多，也更加强壮。更有意思的是，每次的求偶炫耀是由雌鸟首先向雄鸟发起的。而每次产了一窝蛋，雌鸟就会离开，再去找其他雄鸟求偶，留下单亲爸爸将孩子孵出来带大。

我大四那年曾经捡到过一只黄脚三趾鹑。有一次，我去北京猛禽救助中心做志愿服务，工作结束之后骑车去北京邮电大学找同学玩，结果在北邮的草坪上发现了一个踉踉跄跄的小黑影。我赶紧过去看了看，发现居然是一只黄脚三趾鹑。它的左翅有点外伤，兴许是被别的什么动物攻击了。要知道，附近的喜鹊、乌鸦和流浪猫都不少。我顾不上找凶手是谁，赶紧又骑车把它带回北师大，求助北京猛禽救助中心的工作人员给它进行了一个初步的伤口处理。当时正是夏天，北京猛禽救助中心也没有空笼舍可以安置它，所以我就自告奋勇地把它带回寝室安置。当时的宿管阿姨已经非常习惯我隔三差五就带着受伤动物回来，所以也没有说什么。我把它安置在一个垫了厚毛巾的纸盒里，然后把纸盒放在了我的枕边。

本来我以为它会惊慌失措。然而出乎意料的是，它全程非常安静。

当天已经晚了，我来不及去鸟市买虫子，只能临时从草地里帮它挖了几条蚯蚓。其实我对它当天能否自己进食也没有抱太大希望，只是把蚯蚓放进去，然后盖着盒子就睡了。第二天早上打开盒子一看，它居然把那几条蚯蚓都吃了。救助过野生动物的人都知道，野生动物自主进食是救助的一大关。很多野生动物因为应激或者痛苦等原因拒绝吃东西，人为填喂又可能会给它们造成新的刺激，十分不利于康复。

医生都喜欢配合治疗的患者，我也不例外。像黄脚三趾鹑这样的小患者，那简直就是患者中的楷模了，不但知道自己吃东西，而且每次清理伤口的时候它都超级乖，并不会乱蹬乱咬。不像有一些应激非常严重而且脾气暴躁的鸟，真要处理个小伤口都可能要动用呼吸麻醉机。这样对它和我都很安全——我可以快速完成清创、重新上药和重新包扎的动作。

后来我去给它买了杂粮和面包虫，每天还会给它买些新鲜蔬菜，挖些蚯蚓，争取让它有宾至如归的感觉。在我们双方的通力合作之下，两个星期以后它的伤就彻底痊愈了。在这段时间里我发现三趾鹑真的是非常容易对人产生好感的鸟类。我救它的时候，它已经成年了，所以我其实并不太担心行为方面的问题，结果相处两个星期之后，它居然愿意在我手上吃东西。清早的时候，它开始在我床头鸣叫。我知道它大概是想要找个漂亮的男孩子了。

鉴于它曾经在北京邮电大学里吃了很大的亏，我也不敢把它再放回去，想来想去，趁着有一次爬山，把它送到了怀柔的黄花城水长城。这小东西也是有趣，我刚把它放在溪边的草地上，走出去还没有五米远，它就突然飞起来，落在了我的帽子上。我只得又把它送回去一次。看它在原地有点怅然若失地望着我，我不自觉地问了一句："我和男孩子，你想要哪一个？"它居然像听懂了似的不再朝我走过来。

我知道，黄脚三趾鹑在食物链里相对来说处于底层，也许我放出去的这一只回头就可能被山里的其他野生动物吃掉。但也有可能，它在那里混得风生水起，找到了心爱的男孩子，生了很多蛋……当然，其实我能做的，只是给它美好的祝愿罢了。

伯劳

——无愧"屠夫"之名

说起伯劳想必大家都不会陌生，"劳燕分飞"这个成语也是广为人知。伯劳和家燕一样，也是雀形目鸟类，但比起家燕那种只能欺负欺负小虫子的"战五渣"来说，伯劳可以说是雀形目里最著名的杀手之一了。

伯劳有多凶狠呢？在野外做救助的时候，最让我打怵的两类雀形目鸟类里面，伯劳就占其一，另一种是卷尾。我在野外看到过伯劳追着雀鹰咬，追着红隼咬，甚至连游隼那种无论飞行速度还是技巧都稳占优势的中型猛禽，伯劳都敢上去一较高低，一只伯劳单挑三四只喜鹊，还不落下风……

其实，比起卷尾的秀气，伯劳的凶狠却是从"面相"上就能看出来——它们的身材十分矮胖结实。几乎所有伯劳都天然自带"黑眼罩"，看上去就跟一个个小强盗一样。它们虽然不是猛禽，但是喙却十分结实，而且上喙末端还像猛禽一样有一个小小的弯钩，在我看来其战力跟猛禽比起来也不遑多让。这样锋利的喙使它们不仅可以捕捉大型昆虫，还可以捕杀小型的啮齿动物、爬行动物甚至其他鸟类。伯劳有储食的习惯。它们会把抓到的一时吃不完的猎物挂在树枝或者铁丝上变成"风干肉"，以备不时之需。久而久之，观鸟人给它们取了一个外号叫"撸串儿狂魔"。它们还有一个更加被人们认同的外号——"屠夫鸟"。我在北京的野鸭湖曾经观察过一对伯劳，繁殖期内，它们一天之内连抓了四只老鼠，其中最大的一只老鼠甚至和它们的体型差不多。除此之外，中间它们又抓了十几只大蚂蚱。傍晚的时候，这对夫妇又带回来一只麻雀。所有这些东西被夫妻两个和三个小宝宝吃得渣都不剩，连小型猛禽都未必有这么高的捕食效率和进食量。

伯劳的巢一般都在高大乔木上，它们的巢也是用各种草茎编织而成。虽然也可以说是碗形巢，却是那种很深的"碗"。雌雄伯劳共同参与筑巢，但是孵卵期间，一般只有雌伯劳在孵卵，雄伯劳则负责到处捕猎来喂养自己的妻子。等雏鸟出壳之后，雌雄伯劳就开始轮流给孩子们喂食了。

伯劳的领域性非常强，尤其在繁殖期，雌雄伯劳都有很强的攻击性。这个时期，它们简直可以说是"人挡杀人，佛挡杀佛"。就连比它们体型大许多的松鼠，要是不长眼地来觊觎它们的宝宝的话，也可能被咬个头破血流，甚至失明，进而饥饿而死。因为曾经有被黑卷尾教训过的经历，我一般不太敢在繁殖期过于靠近伯劳的巢，也就用望远镜远远地观察一下罢了。不过我为数不多的几次与伯劳亲密接触的经历都非常惨烈。

说实话，第一次被伯劳"教训"还是有点令人哭笑不得的。那是在我读大学的时候，有一段时间我沉迷于骑行。一次，在我骑车去八达岭长城的路上，看见两只伯劳不知道是为了抢妹子还是抢巢址互相掐了起来，它们的喙死死地咬在对方身上，爪子也互相紧扣着，谁也不愿意放开谁，最后一起掉在了马路上。如果不去把它们捡起来，很可能就会被过往的车辆给轧成两张"伯劳饼"。幸好那只是一条辅路，当时我前后也没有什么人和车，我就上去当起了这个管闲事的和事佬。然而，就在我刚刚把它们两个从地上托起来的那一瞬间，两只伯劳立刻就放开了对方，一只鸟咬了我一口，又在我根本就没有反应过来的时候唰地一下飞走了。留下我一个人手上两个血口子懵在当场。说来伯劳咬人有多疼，那次是我初有体会。然而第二次才是我体会得最深刻的时候。

那是我大学快毕业的时候的一个傍晚，我愉快地骑车出去夜游。路过海淀区某公园的时候，发现里面赫然张着一个捕鸟网。那个捕鸟网设置得倒是比较隐蔽，我当时已经在北京猛禽救助中心做志愿者，也经常会去北京周边的郊区去做一些鸟类观察，顺便拆一拆发现的捕鸟网和陷阱，所以对这个东西格外敏感。我跑过去，发现那张网比较小，而且上面只挂了一只伯劳。我见那只伯劳还活着，就赶紧过去想把它解下来。万万没有想到，就在我的手刚刚接触它周围的网丝的时候，它突然一口咬在了我右手食指的第一个关节上面。当时我几乎能听到它小钩子般的上喙扎进我肉里的声音，紧接着剧痛袭来，我差点就下意识地甩手把它扔出去了。但是还好，因为我有过被咬的经验，事先还做好了一些心理准备，所以硬扛着度过了第一波最痛苦的时期，慢慢就感觉没那么疼了。我赶紧用右手剩下的手指拢住它的身体，防止它继续挣扎被细细的网丝勒伤，左手去解它身上的那些网丝。因为天已经越来越黑了，所以我解得也是比较慢。大概花了十几分钟时间，我才把它彻底从上面解下来，而它居然全程一直死死地咬住我的右手食指的那个地方不撒口。我还能感觉到它每隔几秒钟就会再用一下力，似乎不把我的手指咬穿不罢休的样子。等我把它完全解下来之后，给它初步做了一下检查。它还是很幸运的，身上没有任何伤口，羽毛也还比较完整，所以我就打算趁着天还有一些微光把它放掉。要知道伯劳并不是那种一入夜之后就完全不能活动的鸟类，那附近的路灯可以给它提供足够的照明。于是我就把右手松开，想让它自己选择一个时间飞走。没承想，它宁可用喙叼着我的手指挂在我手上也不飞，而且越发用力地咬了起来。我当时简直欲哭无泪了，最后不得不又托了它的肚子一下，带着哭腔地跟它说："大哥我求你了，快飞吧，我手快要废掉了。"它好像突然反应过来什么，扑啦啦地飞走了，飞到了附近的树上。这时候我才有时间低头看看我右手的那个伤口。借着落日的微光，我仍然能看得出伤口周围的软组织已经发青发白了，就在我还庆幸伤口没有想象中那么深的时候，突然一股血流几乎是喷着涌了出来。我猛然才反应过来为什么我觉得那么疼 —— 它几乎已经在我食指上开出一个透明窟窿来了。当时我也无比庆幸我不晕血，而且比较能忍耐疼痛，尽管那个疼痛已经从手指蔓延到了手腕，甚至小臂，我还是坚持着骑回了学校，找校医做了一些基础的伤口处理。因为以前有过被别的鸟啄伤之后严重感染的经历，所以我特意跟校医申请给我打了几天抗生素，这才平安无事地把伤养好。

　　显然我这个人仿佛有点记吃不记打 —— 即使已经有过两次跟伯劳接触的惨烈回忆，我在第三次遇到一个为了吃老鼠被粘鼠板粘到的伯劳的时候，还是忍不住救下了它。在这里跟大家也分享一点快速将野生动物从粘鼠板上解救下来的技巧：先买两瓶风油精，滴在动物和粘鼠板接触的位置，稍微抹一抹，轻轻地把动物拉下来。你会发现被风油精浸过的位置，粘鼠胶就不那么粘了，然后再用风油精将动物身上剩余的粘鼠胶溶解掉。接下来我们用洗洁精把风油精洗掉，再用温水将洗洁精洗净，最后擦干、保温。如果有电吹风的话，还可以快速将它吹干，但是在这个过程结束以后，要赶紧喂动物喝些水，最好是生理盐水，因为它们在长时间的紧张和恐惧中会产生严重的应激和脱水。在护理期间也要每天大量地给它们灌服生理盐水。那只红尾伯劳，就是被我这样解救下来的，当然，它和它的前辈们一样，并不可能对我产生丝毫的感激之意，要不

伯劳 —— 无愧"屠夫"之名　　　　　　　　　　　　　　　　　117

是第一天它的嘴也被胶粘住了，我的手恐怕又是一次鲜血淋漓。不过万幸的是，除了第一天把它从粘鼠板上取下的时候我没有戴护具之外，剩下的日子里我都是戴着骑车用的那种皮革手套来照顾它的。虽然被咬了也会有一阵钝痛，但好歹没有再发生什么流血事件。戴着手套，其实是救助猛禽的时候才会采取的防护。一个小小的雀形目鸟类逼得我要做这种武装到牙齿程度的防护，真是无愧于屠夫之名呀。

八哥

——暴躁的小笨蛋

八哥最广为人们熟知的，就是效鸣。我和很多鸟友都遇到过类似的事情——到一个陌生的地方住旅馆，清晨听着周围叽叽喳喳十分热闹，起码有二十多种鸟。等我们兴冲冲地打开窗户一看，发现外面只有一只八哥，那二十多种声音都是它发出来的，在那里欺骗我们的感情。八哥是雀形目椋鸟科的鸣禽，它们羽色漆黑，喙是黄色的，鼻子上面还有一处独特的像小胡子一样翘起来的羽毛。如果光看背影，可能会把它们和乌鸫混淆，但只要它们张开翅膀，我们就会发现两者之间显著的不同——八哥的两翅上面各有一块显著的白斑。其实乌鸫也是效鸣中的高手，在古代，乌鸫被称为"百舌鸟"，但乌鸫还是远远不及八哥。乌鸫最多学习一下别的鸟类的叫声，而八哥却可以学人言，甚至可以学我们生活中其他物品发出来的声音，例如开关门的声音、电锯声等等。即使不效鸣的时候，八哥也十分喜欢鸣叫。这些叫声在我们爱鸟之人听来十分悦耳，可是，也保不齐有人听了就觉得烦躁，比如楚辞名篇《九思·疾世》中有一句"鹦雀列兮哗喧，鸲鹆鸣兮聒余"，里面的鸲鹆指的就是八哥，古人在心情烦闷的时候，听着八哥的鸣叫也会觉得很烦，并且将八哥比作小人。

　　这可冤枉八哥了，要知道不管是效鸣还是自然鸣叫，都只不过是它们的一种求偶炫耀，是为找到合适的伴侣、延续自己的血脉而做出的努力。它们可不曾坑害过别人啊。

　　作为亚热带鸟类，八哥原本几乎只分布在我国南方，但是随着气候变暖等影响，其分布地也开始慢慢地向北移动，乃至于北京、山东等地也有八哥自然繁殖。北师大的生物园里面就常年可以看到几只八哥活动。

每年春暖花开之时，就是八哥开始求偶的日子。雄性八哥用几十甚至上百种不同的声音来讨妹子的欢心，一旦妹子青眼有加，小两口就赶紧找一个建筑物的缝隙来营巢。它们是喜欢利用天然孔洞的鸟类，也就是说，我们经常悬挂在公园等地方的人工巢箱也会非常受它们的青睐。它们会往这些孔洞里面铺很多的细草，并把这些细草编织成蓬松的垫子，然后产下一些蓝色的、颜色非常漂亮的蛋。一般一只八哥每次大约产四五枚卵，多的有六七枚。整个孵卵工作几乎全部由雌鸟来完成，雄鸟只在一边护巢。但是等小宝宝出壳之后，就是夫妻俩轮流喂孩子了。

八哥的小宝宝也是晚成性，大概需要三周到一个月左右才能正式离巢，离巢之后仍然会和自己的父母成小群活动一段时间。在南方，八哥是留鸟，所以即使成年之后，它们也不会离父母太远。但是在北方，由于食物有限，八哥大多只是成对活动。

八哥喜欢吃各种虫，不管是昆虫还是别的什么节肢动物，都吃得津津有味，尤其爱吃毛虫，可以说是非常棒的农林业益鸟了。它们也被列入了《国家保护的有益的或者有重要生态价值、科学研究价值的野生动物名录》（简称"三有名录"）。

我大一的时候曾经机缘巧合地收留过一只八哥。说来也挺有意思的，那只八哥其实是一个学长用来追求学姐的礼物，学姐十分感动然而还是拒绝了他，学长怕睹物伤怀，于是就想把那只八哥给放掉。他选的放鸟地点就是学校家属区那边的小树林，正好被在那边买小吃的我撞见。我发现笼子里的它其实还只是个幼鸟，如果在那个季节被随便放到野外，估计是凶多吉少，所以好说歹说让学长把它给了我。反正当时也要放寒假了，我可以把八哥带回家养。本来还打算养大了带到南方放掉，然而在救助方面有经验的人告诉我：八哥太容易养成异常行为了，一旦被人养大，就很难再回到野外。

小八哥被我安置在阳台的角落，虽然我经常试图教它说点儿什么，但似乎不得其法，所以它一直不太会说话，只每天自顾自地发出各种奇怪的鸣叫。我其实也没有强求，只是觉得能让它好好地活下来我就心满意足了。只是万万没想到，有心栽花花不开，无心插柳柳成荫。当时我们寝室是在一楼，有一个室友经常隔着窗户和男朋友说一些情话。她有一句口头禅就是"神经病"，结果我的小八哥别的都没学会，就学会了这句话。但是它也算深藏不露，或者说识时务者为俊杰，起码在我喂它吃东西的时候，它并没有说这句，所以我一直就当它是什么都不会说。

到了快放寒假的时候，我才知道带动物坐火车是要办各种检验检疫证明的，当然还要办托运。好不容易千辛万苦把它从北京带回了家，结果这货进了家门见到我母亲直接就来了一句："神经病！"我母亲懵了半天，诧异地问我："你不是说它不会说话吗？"我说："它真的从来没跟我说过话啊，天天就知道傻叫。"然后母亲就一脸"信你才有鬼"的表情，转身去给八哥拿吃的。因为母亲比较怕虫子，所以家里并没有给它准备什么活的虫子，只准备了现成的八哥粮。不过这个家伙显然对母亲正在切的黄瓜丝儿、西红柿条儿之类的更感兴趣。在我把它放出笼子的第一时间，它就飞到了案板上，开始挨个叼起来尝几口。尝完之后，它明显觉得西红柿比黄瓜更好吃，于是乎狼吞虎咽地吃了一条，又叼起一条，才貌似心满意足地飞回我身上，站在我肩膀上臭显摆。此情此景令我母上大人再一次陷入了蒙圈状态，过了一会儿才问我："它爪子上有没有屎啊？"我把它爪子抬起来看了好几遍说："没有，但是我觉得吧，这个黄瓜和那个西红柿，好像也不能要了。"于是我们一脸沮丧地把黄瓜和西红柿全饶给了这只小强盗，重新洗了案板重新切菜。母亲命令我说："你赶紧把它放在你书房啊，就像以前养小弟小妹一样，别让它出来。"我满口答应着，拿着一盆黄瓜丝儿西红柿条儿，让它就停在我肩上跟我进了房间。等我把门关好之后，它特别好奇地开始东张张西望望地探索起来。过了一会儿，母亲又来敲门，给我塞了一盘葡萄。结果我刚拿了一颗放在嘴里，小强盗就突然飞到了我领子上，然后直接把头插进了我嘴里，把葡萄抢走了。当时我震惊了。因为在寝室的时候，我一直是把它养在笼子里的，每天喂食喂水都是从固定的小窗口塞进去，我从来不知道它还有这么流氓的一面。但是，自己收养的八哥跪着也要养大。在那之后，我就开始过起了吃什么什么被抢的悲凉日子。后来我发现，哪怕是我闭着嘴在嚼肉丝的时候，它也有办法过来抢几口。有一天它实在是抢东西抢到我母亲急眼了，就威胁它说："再抢吃的就把你扔出去！"它歪着头看了母亲几眼，突然大喊了一声："妈妈！"我们瞬间又震惊了。我不知道，这货是故意的还是真的凑巧，但是它从来没有学会我们想让它学的那些话，反而是一些莫名其妙的东西，学得可快了。

我大二那年赶上"非典"暴发，我自己又得了严重的淋巴炎，每天发烧，所以休学了半年。在家休养的那段日子里，多亏了有它陪我。当时禽流感还没有闹得那么凶，很多人因为"非典"盲目恐慌地抛弃了家里养的猫狗。反而是养鸟的比较轻松惬意。我就经常带它去晒太阳，结果，它跟旁边单元一个大爷养的鹩哥成了死敌，只要一见面就开始隔着笼子对骂。这个时候学了一大堆莫名其妙骂人话的优势就体现出来了 —— 同样都是在笼子里上蹿下跳、焦躁不安、表现出很强的攻击性，但是，我家宝宝骂的是："你神经病！"而对方的鹩哥只是一边跳一边喊着："白日依山尽，黄河入海流。"我们一大群人十分无奈地看着它俩折腾得不亦乐乎。

等我在家休养了差不多一个多月的时候，对方那只鹩哥已经学会了"你神经病呀！"，但是我家宝贝还是依然没有学会那些古诗。再后来，我身体康复要回学校念书了，母亲身体不太好，父亲又总出差，没法照顾它。只好把它暂时寄养在表哥家。没想到因为它那种又笨又有点萌的傻样深得我表嫂的青睐，最后竟然舍不得还给我们了。我表嫂十分喜欢动物，所以我也就放心，不过，据说直到它寿终正寝，也只不过会说"你神经病！""妈妈"和"好吃的"三句话。

第三部分

投身保护

作为野生动物救助人员，我们的职责是让它们成功回到野外，所以并不希望被救助的动物和我们产生任何感情。我们爱它们的方式是想让它们可以活得更好，而不是把它们强留在身边满足自己的占有欲。

灰喜鹊

——温柔的小天使

灰喜鹊是雀形目鸦科的鸟类，但是和它们的其他鸦科亲戚们相比，灰喜鹊可以说得上是难得的温柔小天使了。

在我国分布的几种鸦科鸟类中，灰喜鹊的躯干最纤细。它们那35厘米的平均体长里尾长占了一多半儿。它们有优雅的灰蓝色的体羽，头顶却是乌黑乌黑的，再加上那双灵动的小眼睛，看上去格外地机灵可爱。灰喜鹊的飞行动作非常轻盈，远远看上去就像是一只小巧的风筝。不过它们并不喜欢作长距离飞行，也不会飞得太高，一般就是在树林里面穿来穿去而已。比起喜鹊叫声的吵嚷和乌鸦的粗哑，灰喜鹊的叫声听上去有点像发嗲一般地问"哎？哎？"。

乌鸦和喜鹊都是有很强侵略性的鸟类，它们甚至会捕食其他的小鸟。灰喜鹊因为自身体型比较小，很少去猎食其他鸟类，基本都以昆虫为主食。灰喜鹊也有集群去赶走大型入侵者的习惯，所以从某种意义上来说，它们是很多其他小鸟的友邻，一定程度地为领地内的其他小鸟提供了庇护。但如果敌人太强，它们往往也只能集群哀嚎一下，结果是一场徒劳。

我救的第一只灰喜鹊是从流浪猫嘴里抢下来的一只幼鸟。那是我去百望山玩，下山的时候突然听到离我不远的林子里传来了很多灰喜鹊的哀鸣和示警声。于是我便往那个方向寻过去，心里已经有了隐隐的猜测——大概是它们的幼鸟被什么掠食动物抓走了。我还曾经在心里盘算，如果抓幼鸟的是黄鼠狼、豹猫等野生动物，我就不再干预。但没承想，等我走近之后发现那是一只流浪猫。于是我果断追上去，迫使那只流浪猫松了口。小灰喜鹊看上去还不大，虽然长了一些正羽，但身上还有未褪的绒羽，看起来也就只有两周左右。因为猫咬得紧，它肚子上已经出

一只虚弱的灰喜鹊幼鸟

现了一个可怕的流着血的伤口。头顶那群灰喜鹊并没有因为我的出现而放松警惕，它们眼见着自己家的宝宝从流浪猫的嘴里到了人类的手里，似乎认为我是更可怕的威胁。其中有几只还尝试跳到我身上来攻击我。我当时并没有带足够的医疗工具，如果我要救它，就必须要把它拿走。所以我也并没有理会灰喜鹊群的攻击——说实话，它们的那些攻击都是花拳绣腿，完全不能和卷尾、伯劳之类的相比。一点点细微的疼痛我还是完全可以忍受的。于是我拿出随身带的创可贴，先把那只小灰喜鹊的肚子上的伤口覆盖住，并赶紧把它塞在了包里火速下了山。

我把它带到了北京猛禽救助中心。那个时候正是救助中心最忙的时候，并没有多余的笼舍来收容它。于是我就用救助中心的麻醉机给小灰喜鹊麻醉，自己给它做了一个基础的清创和缝合手术。随后我把这个小倒霉蛋带回了家。万幸那个时候并没有严格规定抗生素是处方药，我在药店里面还能买到儿童装的阿莫西林克拉维酸钾。倒是止痛药不太好买，所以我就向救助中心借用了一些美洛昔康。

每隔一天我会给小灰喜鹊换一次绷带，眼见着它伤口并没有感染，因为我及时做了保湿覆盖，软组织也没有坏死，我就越来越放心。大概因为幼鸟的代谢比较快吧，就这样过了十天左右，小灰喜鹊的伤基本就痊愈了。看着它蹦蹦跳跳，吃喝如常，我真的超有成就感。想不到自己刚刚学会的手术技术，就拿来救了一条小生命。因为年纪还小，它其实还没有对人产生足够的戒备和敌意。在我治疗和喂养它的这十几天中，它和我产生了深厚的情感，只要听到我的脚步声，就会颤抖着小翅膀，发出娇嗲的"哎~哎~"声，开始乞食。哪怕我用东西挡住了脸也没有什么用。对它来说，我身上可识别的特征实在太多了。我甚至怀疑，哪怕是我的呼吸声，它都能听出与旁人不同。最开始我还要拿一个镊子，往它嘴里塞些虫子，慢慢地它可以自己啄食小碗里的食物了。但只要我打开喂食口往里面加食物的时候，它就可能蹦过来，轻轻地啄我的手想跟我玩。我知道，这对日后的放飞并不是一件好事。鸟类一旦对人类形成印痕，对其在野外生存甚至繁殖都极为不利。所以我每次都是硬着头皮狠心拒绝了它的要求，但是看它孤孤单单地一只鸟待在养伤的箱子里，也觉得十分可怜。

又过了十几天，我的一个朋友捡到了一只摔断了腿的小灰喜鹊，听说我这儿救活了一只，像抓到救命稻草一样让我帮它治疗。我一听立刻就答应了。那只小灰喜鹊的右腿跗跖只是闭合性骨折，其实处理起来并不难 —— 连手术的必要都没有，只要做外固定就可以了。不巧的是因为耽误的时间有点长，而我朋友没有相关的专业知识，也没有给它做很好的急救固定，所以骨折异位得非常厉害。我帮它做了一个简单的复位，然后又用棉花把它整个右腿跗跖裹住，在两边各放一根削好的木片做支架，外面再缠上弹性绷带固定。之后每隔三天换一次绷带顺便帮它按摩复健。大概过了三周，这只小灰喜鹊的腿也长好了。

养伤期间，两个小病号产生了深厚的情谊，天天腻在箱子里要么互相理羽毛，要么就是缩成两个团子挤在一起睡觉，温馨十足。但是我心里却开始渐渐产生了担忧：因为它们两个的尾羽都长得不短了，可是两只都对人存在一定的乞食行为，这可不是什么好事。

原本为了通风，我把那个箱子相对的两面纸板挖空，各蒙上了一层窗纱。但是这样一来，它们就可以透过某一边的窗纱看到我的行动。于是我又用报纸把卧室和阳台相通的窗子给遮住，然后赶紧跑到花鸟市场买了一盆栀子、一盆杜鹃，放在纸箱外面让它们两个能够看到。每次我去喂食的时候，都是蹑手蹑脚小心翼翼，连声音都不发出来，加完食换完水就走。做了这些还不够，我又想给它们播放一些野外灰喜鹊的叫声。但遗憾的是，那个时候并没有什么网站能提供这样的声音素材，我自己跑到小花园里录的那些灰喜鹊的叫声总是特别不清晰。

后来我突发奇想，在阳台外面支了个架子，上面放上清水和画眉鸟粮，想看看这样能不能招来野外的灰喜鹊。然而一个星期过去了，灰喜鹊没来，好吃的全都便宜了麻雀。哦，对了，还有一只脸皮特别厚的珠颈斑鸠。麻雀虽然也来偷吃，但好歹我一露脸它们就一哄而散，那只珠颈斑鸠发现我对它一点敌意都没有之后，居然在我面前淡定地吃起来。珠颈斑鸠并不是完全的素食主义者，尤其在繁殖期，它们也会吃很多的虫子，所以吃一些画眉鸟粮对它们的健康来说倒是也不会有什么特别大的伤害，只是对我的自尊产生了极大的伤害。

最后我一咬牙、一跺脚，干脆把它们两个带到我最初发现那只被猫袭击的小可怜儿的地方，说不定它的父母还能帮着带带孩子。当然时间过了这么久，也不知道它们还认不认这孩子了。百望山离我家并不十分近，坐公交车还要倒车，单程差不多一个多小时。但是为了这两只小灰喜鹊的未来，我决定那之后的一个月内，每个周末带它们在上面待上两天。令人惊喜的事情马上就发生了 —— 在我第一天带它们到山上的时候，一群野生的灰喜鹊就对那个箱子产生了极大的兴趣，即使知道我就在十米开外的地方，还是纷纷飞下来站在树枝上看着里面的两个小家伙。它们并没有发出特别粗哑的那种示警声，而是友好的"哎～哎～"声，箱子里面的两个宝贝似乎能听懂一样，也在温柔回应。

我受到了莫大的鼓舞，于是慢慢地走上前去。野生灰喜鹊看到我之后立刻都飞了起来，不过它们并没有飞远，只是站在附近的树上看着。我把箱子打开，又默默退到了最开始的那个观察位置。我期待看到的是里面的两个小宝宝可以有勇气走出箱子，和它们的野外亲戚做一些更深入的交流。然而事实却是有一只胆子超级大的成年灰喜鹊率先飞进了箱子，吃起了我给孩子们准备的面包虫。

箱子里的两个宝宝倒是也没有表现出明显的护食或者敌意，它们也在箱子里面蹦跳着，好奇地看着这些同类。其中一个宝宝还做出了轻微的类似乞食的抖翅动作，但是成年灰喜鹊并没有理它们俩，自顾自地吃饱喝足，还额外叼了几条虫子飞走了。我当时猜想，它家的宝宝可能还没有离巢，也许正在家里等着它喂，所以它才会这么拼命。而正在我感慨这些的时候，我救的那两只小灰喜鹊终于把对周围的好奇化成了行动。它们开始试探性往外蹦，一边蹦还一边抖抖尾巴拍拍翅膀，似乎是在和周围那群野生灰喜鹊打着什么招呼。于是我又想：说不定周围那十几只灰喜鹊里面刚好还有之前那只宝贝的爸妈呢。正这么想着，我家的两个宝宝之一已经蹦到了箱子顶上，歪头看了它头顶上的那些大鸟一会儿，居然认真地做起了乞食动作。而上面的成年灰喜鹊显然并没有要理它的意思。它这样努力了十几分钟之后，渐渐有点沮丧，于是不再乞食而安静地梳理起了羽毛。另外一只小灰喜鹊全程就站在一边的小树枝上看着这一切。

这个时候，又有一只野生灰喜鹊飞了下来，和之前那只一样，它并没有理会这两只小少年，而是试探着跳进了箱子，也捉了几条虫子飞走了。两个宝宝同样也没有做出任何的抗议。没一会儿，那一小盒面包虫就全都被野生的灰喜鹊抢走了。两个宝宝可以说是全程蒙圈，我也是。

眼看着太阳已经越来越大，尽管有树荫的遮蔽，但是我仍然觉得周围开始越来越热了。野生灰喜鹊这个时候开始躲起来避暑，而它们也慢慢地对我那两个宝贝，或者准确地说是对宝贝们已经空了的虫子盒失去了兴趣。我那两个宝贝却还没有经验，不懂得自己换个地方找阴凉来避暑，仍然傻乎乎地站在由于太阳角度偏移而开始被阳光直射的空地上。我赶紧过去把它们收回了箱子里挪到阴凉处。再这样晒下去，恐怕一会儿我就能收获两个灰喜鹊干儿了。我不想过多地出现在宝贝面前，但是又怕附近的猫再来袭击它们，所以我仍然找了一个离它们十来米远的能看见箱子的地方，一边乘凉，一边思考着刚才那群野生灰喜鹊的行为。从刚才的相处方式来看，我觉得让两个宝贝融入野外族群并非不可能，也许双方还都需要习惯。

下午三四点的时候，那群野生灰喜鹊又出现在我面前。它们发现箱子被盖了起来，于是有两只胆大的就站在纱窗外面跟里面对视。我甚至能听到它们小小声像细雨般的鸣叫。这种叫声听上去是那么的友善，令人充满希望。于是我又慢慢走过去把箱子打开。也许是因为有了一整天对于环境的熟悉，这次两个宝宝并没有待太长时间就从箱子里蹦了出来。它们开始好奇地啄附近的花花草草，还尝试着捉地上的小虫子。这一次它们并没有和那些成年的野生个体过多地打招呼，双方就相安无事各自活动开来。直到黄昏，野生灰喜鹊呼啦啦全都飞走了，又剩下孤零零的两个宝宝不知何去何从。我只好把它们又收回箱子里带回家。

回家之后我开始反省。宝贝们表现出明显的飞行能力不足，大概就是因为它们在救助箱里待得太久的缘故，这是我的错。于是我赶紧把阳台里面所有的东西收拾了一遍，腾出了半个阳台的空间给它们练习飞行。很快我就发现它们使用阳台之后就不喜欢原来那个箱子了。

到了新的周末，我想把它们带到山上的时候，费了很大的劲儿才把它们抓住塞进箱子里，还收获了它们抗议的嘎嘎声。这次到了山上的时候，它们的表现让我觉得这一个星期的飞行训练还是卓有成效的。也不知道那群野生灰喜鹊是不是已经认识我了，在我把箱子放过去没多长时间，它们都聚拢了过来。然而这一次它们来的时候，我家的两个宝贝早就飞出箱子，在上面的树枝上站着了。看到别的灰喜鹊飞进了它们的箱子，它们也跟着跳下来，在箱子旁边跳来跳去的。但是跟上次一样，它们仍然没有表现出任何的敌意。"哎~哎~"，这一次，野生灰喜鹊似乎也想尝试着展开交流。它们显然是更凑近了一些，没有上次那样泾渭分明。上次我家宝贝一靠过去，它们就主动拉开些距离。宝贝们似乎也觉得那些野外同类这次更友好了，于是就跑到它们的小队伍里一起东啄啄西翻翻。

又是快到正午的时候，不知道谁挑的头叫了一声，其他的野生灰喜鹊就呼啦啦地飞到了附近的树上。而这一次，我家的两个宝贝居然也跟着飞了上去。我压抑着喜悦，静静看着这一切，醒悟到自己退场的时间快要到了。果然，又到了下午稍微凉快些的时候，两个宝贝跟着大部队又开始了新一轮的找食和玩耍之后，终于在傍晚时分跟着它们一起飞走了。

能在两周之内迅速地融入群体，这其实是灰喜鹊对于同类尤其是幼鸟格外包容的好处。当然并不是说它们之间就不会爆发内战，只是比起喜鹊或者乌鸦真打起群架来可能会造成相当严重的死伤来说，灰喜鹊即使爆发了领地冲突，多数情况下也只是以其中一方落败逃走来收场，而且如果再遇到外敌，说不定这些灰喜鹊还会再重新团结起来枪口一致对外，颇有点儿"做人留一线，日后好相见"的感觉。

我还有两个朋友也救了很多的灰喜鹊，但是因为他们救助的灰喜鹊中有一些已经有了严重的残疾，无法再放归野外，所以只好在他们家里养老。因为我有相当丰富的饲养和救助经验，他们也经常请我帮他们去给他们家的灰喜鹊们做丰容或者处理外伤。其实说实话，每次处理外伤的时候多少都有点疼，或者会让它们受到一定的惊吓，但是这些小宝贝从来都不恨我。每次处理好之后，它们仍然会亲昵地来蹭我的手指，或者撒娇问我要吃的。而每次我都无法拒绝它们，要在一起腻歪好久。有它们在左右"哎~哎~"地飞来飞去，感觉自己正被几个小天使包围。对于这些再也回不到自然的小天使们，我们能做的就是让它们尽量地健康和快乐。

黑卷尾

——算我怕了你们

讲真，我也算是一个阅鸟无数的人，亲手救助过的鸟已经有好几万。一般情况下来说，面对一只秃鹫或者金雕我都是面不改色的。但是有两种鸟我是真的有点犯怵，一种是伯劳，另一种就是卷尾。伯劳的事情前面已经说过，现在来说说卷尾，尤其是黑卷尾。黑卷尾是雀形目卷尾科的鸟类，它们的体型并不大，跟灰喜鹊差不多，而且还要瘦上许多。但若论战斗力，十几只灰喜鹊见了一只黑卷尾怕也是要绕着飞的。

　　黑卷尾全身的羽毛都是漆黑色的，这是色素色，但它们也有结构色，这些黑色的羽毛会随着阳光照射角度的不同而微微泛着一些蓝光或者紫光。绝对不会有人把它们和乌鸦相混淆，因为它们的身材非常纤细秀气，也没有乌鸦那么厚而粗大的喙。它们还有一个非常标志性的特征就是剪刀状的长尾巴。黑卷尾的野外种群不如乌鸦和喜鹊那么多，所以也没有那么的常见。但它们的分布范围倒是十分广泛 —— 几乎全国都可以看到它们的身影。只要我们往郊野的方向走，总会碰到那么一两只黑卷尾的。它们的巢大多位于乔木的侧枝上，但偶尔也有例外，我曾经见到过一个在电线变压器平台上的巢。

　　黑卷尾开始营巢的日子，就是人畜勿近的日子。

　　一般情况下，黑卷尾求偶的叫声都非常嘹亮悠长，甚至还带点儿金属音，离远了听又有点像猫叫。但是这美妙的歌声是它们给黑卷尾妹子听的。如果是发现了入侵者，那叫声就不那么好听了，甚至是有点尖厉刺耳。还有些时候，黑卷尾根本就不会发出示警叫声，直接就是攻击行为。我在野外观鸟的时候看见黑卷尾打过喜鹊、打过乌鸦、打过伯劳、打过雀鹰、打过红隼，甚至还打普通鵟……哦，对了，还打过我，还不止一次。

第一次被黑卷尾咬，是我跟朋友去北京南郊的某个采摘园。那边有很多个紧挨着的采摘园，我们随便选了一家看上去布置得比较好看的，结果刚进去没多久就发现隔壁园子里居然装着一张粘鸟网，网上大大小小有七八只野鸟，其中一多半儿看着还是活着的。我知道北京有一些采摘园会试图用粘鸟网来防鸟，但其实这种方法除了会伤害很多无辜的生命之外，并没有特别好的防鸟效果。因为粘鸟网是雾网，线的直径非常细，不可能拉到很大的面积，一旦粘了鸟之后，在往下摘的过程中就会把网损坏。而且粘鸟网没有办法做到上方封顶，也就是说，哪怕一个果农把果园周围四面全都封死了，但是果园上空对于鸟来说还是一个开放区域。那些爱吃果子的喜鹊、乌鸦、八哥之类的还是可以从上空飞进果园。哪怕是周围的粘鸟网害死了它们的同类，也拦不住更多其他地方扩散过来的鸟类继续吃果子。现在还用粘鸟网来防鸟的人，不是特别无知，就是想要靠伤害鸟类来泄私愤，又或者还有一些人是靠这个来附带卖野味赚钱的。真正优秀的果园会用线径比较粗的防鸟网来做一个几乎全封闭的结构。我认识一个果园老板，他在全封闭的防鸟网外面又单独留出了几棵果树，专门用来给野鸟吃。我当时问他为什么这么做，他说他的果园面积不小，已经是侵占了那些野鸟的领地了，做人不能做得那么绝。我听了以后深以为然。我们的经济发展大多数时候都是以牺牲野生动物的栖息地和生态平衡为代价的，如果我们只是一味地大肆攫取、竭泽而渔，那么总有一天我们自己种下的苦果也要自己尝。

　　那天的粘鸟网和上面垂死挣扎的鸟儿们看得我火冒三丈，我跟采摘园的老板说了一下，就跑到隔壁园子里想要找那家的老板沟通一下好把那些鸟救下来，最好请他以后不要再张这种网。但是很不巧的是我喊了半天，并没有人出来应我，只有他们家看园子的几只大狗的狂吠。我索性一不做二不休，直接跑到那张粘鸟网旁边，把上面的鸟一只一只摘了下来。等我走近了去摘的时候才发现，除了两只灰喜鹊和一只黑卷尾，上面其他的鸟都已经死了。有几只显然是刚刚断气没多久。我当时一边流着泪一边把活着的那三只鸟从网上解下来。两只灰喜鹊倒是还很配合，轮到那只黑卷尾的时候，我全程痛不欲生 —— 因为我只是去玩的，并没有带什么防护设备，所以是空着手去解网的，我要一只手控制着鸟的身体，另一只手去把那些缠得乱七八糟的网从它们的羽毛上解下来，中间还要小心不能让网丝给它们划出新的伤口，速度之慢可想而知。其实我是受过一些鸟类环志训练的，所以也知道怎么安全地操作对人和鸟都好。但是架不住这只黑卷尾当时正在气头上，攻击欲望和攻击力都达最大值。我一只手几乎把持不住它，屡次让它几乎挣脱出来。而每次它差不多成功挣脱出来的时候，我的手上就会留下一道伤口。它真的是一点也不客气，凡是它的喙够得着的地方，都会被狠狠地招呼一遍。等把它身上的网全都解开之后，我左手的食指和中指已经可以用血肉模糊来形容了。这还不算完，因为长时间被挂在网上可能会导致挤压综合征，严重的可能致死，所以我也不能立刻就放了它们。幸好我随身带着防中暑的口服补液盐，我问老板要了点白水，把补液盐冲成生理盐水然后挨个儿给它们喂进去。因为我随身也没有带滴管或者注射器，所以只好拿着一个小小的调味勺，一点点舀着水去往它们的嘴边儿滴。这个时候，两只灰喜鹊仍然是非常配合，起码就算没张嘴主动喝水也没突然伸头咬我一口。但是黑卷尾每一次都对那个勺子展开了非常强烈的攻击，到最后那个薄薄的小铁勺的边儿已经被它咬得有点变形了。我向采摘园的老板要了一个小纸盒，把黑卷尾放在里面，另外两只灰喜鹊直接就可以在我书包的上层空间待着。没办法，实在不敢放在一起，否则保证等我打开书包的时候，里面就只有黑卷尾还是活着的。就这样，这一天我和小伙伴也根本没有采摘到任何水果，倒是采了三只倒霉的鸟。

当时我母亲在北京陪我住。本来她还兴冲冲地等我拿着新鲜水果回来吃，结果一开门就看到我整个人灰头土脸，身上还带着鸟屎味儿。书包里面还传来"扑棱扑棱"的各种折腾声，母上大人的脸立刻就垮了下来。她非常明智地没有问为什么没有带水果回来，想也知道，肯定是没摘成。母亲问我这次又救了几个伤员回来，我说三只，还都是吃肉的。母亲诧异地说："你不是说猛禽都是国家保护动物，自己是不能养的吗？"我说："对呀，这不是猛禽，但也是吃肉的呀。"于是我母亲一脸将信将疑地帮我准备鸟粮去了。

说来我母亲是信佛的，但是这么多年来我时常要救一些野生动物回家，而我并没有办法一天24小时全程陪伴那些动物，所以有时候我母亲要帮我给它们喂一些肉食或者虫子，也真是难为她老人家了。

那天晚上，我们很快就见识到了什么叫"比猛禽还猛的雀形目鸟类"。母亲给小宝贝们用白水煮了一些鸡蛋还有鸡肉丝，我把食物一点点切碎拿去喂它们。安置它们的箱子是特制的、两面被替换成了纱网的纸箱。灰喜鹊在里面吃得还算开心，然而等我去看黑卷尾的时候，发现那个箱子上面的纱网已经破烂不堪，纸箱里面空空如也。当时我家还养着一只瘸了腿的老猫，虽然残疾了但毕竟还是猫，都有捕猎天性。我当时吓得不轻，怕猫把黑卷尾给吃掉，于是赶紧满屋子找。结果发现那只黑卷尾正在厨房撕我还没来得及收拾起来的生鸡肉。那凶神恶煞的架势，看起来仿佛那只鸡是它猎来的。我赶紧拿了片薄布过去想把它罩住带回阳台，结果就是它隔着布还把我的手又咬出了好几个新口子。等回到阳台新的问题又来了。那种换了纱网的纸箱已经没办法用来安置它了，所以我换了全封闭的扎了通气孔的厚纸箱。结果第二天发现它又出来了，纸箱上的一个通气孔被它扩大到足以容它钻出去。幸好它只是自己在阳台里待着，没有继续攻击那两只吓得一声不敢吭的灰喜鹊。这一回我出离愤怒了，弄来一个塑料整理箱，用烙铁烫出密密的孔，又在里面布置了几根横树枝当栖架，这才把它塞了进去。这回它才终于不再制造越狱事件了，顶多在我给它添食换水的时候跳到我手上狠狠咬几口。是的，别的鸟躲都来不及，偏偏黑卷尾选择以攻代守。过了一个星期，等我发现它的状态已经足够好的时候，立刻把它带到郊外放飞了。

另外一次被黑卷尾攻击简直就是我自作孽不可活。那次是我到一个家住山区的救助人家里接一只红角鸮。其实之前救助人就跟我说那只红角鸮是被别的大鸟给打下来的。我一想北京的乌鸦欺负一下小型猛禽是很常见的事情，所以也没太放在心上，拎着个箱子，开着车就去了。结果到了救助人家附近，在等救助人出来接我的时候，莫名地就觉得旁边一阵恶风。我回头一看，一只黑卷尾不知道从什么地方飞过来，刚好落在我身后的树枝上。我当时也没多想，就是抬头看了它一会儿，还吹着口哨逗了逗它。当时它看我的表情就有点不对劲，但是我神经大条地仍然没有细想。这个时候，救助人出来了，我便跟着她往院子里走，终于在救助人家角落里的一个干掉的水缸里看见了暂时被扣在那里的一只红角鸮。它羽毛凌乱、惊慌失措，一看就是被什么别的动物攻击了的样子。我把它转移到我们的专业运输箱里，别过了救助人。正想要走到路口去取车，这时候也不知道是不是命运使然，我走到那棵树下时又抬了下头，发现黑卷尾还在那个地方看着我，于是我又定定地看了它一会儿，鬼使神差地问了一句："你瞅啥？"当然这只是玩笑，黑卷尾也不可能真的听懂，我贫了一句之后也没放在心上，就在我刚刚转身要往车那边走的时候，它突然飞下来在我脑袋上狠狠地啄了一口，确实很疼。我当时吓了一跳，下意识地护住了头脸，然后它又开始在我肩膀上和胳膊上连啄了好几口。我以为它差不多咬够了，抬头一看，它飞出去一小段换了个角度又飞了回来，继续咬我。我当时也自知理亏 —— 毕竟是我挑衅在先的，另外我手上还拎着一只需要救治的小猫头鹰，所以也不敢跟它多做缠斗，只能抱着脑袋仓皇逃窜。等我都已经跑到车边打开车门坐了进去，它居然还试图再继续啄我的车，我怕它撞出个好歹来，赶紧发动车逃跑了。

现在想来，它当时在后面发出那种高昂嘹亮的叫声，简直就像在喊着："瞅你咋地？"

打那之后，我最多围观一下黑卷尾打别的鸟，再也不敢过去跟它们对视了。真的惹不起呀。

红嘴蓝鹊

——躲过了初一，没躲开十五

鸦科鸟类大多数都是"臭流氓"——它们十分擅长恃强凌弱，更擅长合伙欺负人。不过这里面也有一些例外的，比如灰喜鹊，虽然也喜欢结小群活动，但是互相放哨、合作找食物、给自己壮胆的成分远远大于欺负别人的成分。真正典型的"臭流氓"是喜鹊和乌鸦。喜鹊还可以说是那种"街头小混混"，乌鸦基本上就可以说是"黑社会"了。一群乌鸦集体行动的话，中大型猛禽都未必是其敌手。不过在鸦科里面也有一些不喜欢集群的，这些鸟靠着卓越的单兵作战能力碾压一切，红嘴蓝鹊就是其中之一，这种大型鸦科鸟类吃条成年蝮蛇都只能算日常。

红嘴蓝鹊，顾名思义，它们的嘴是橘红或者嫣红色的，全身的配色十分鲜艳漂亮。身体大部分羽毛为优雅的蓝紫色，头颈有部分黑色，头顶有一绺白色的羽毛，就像戴着白色的发饰一样，它们的躯干跟喜鹊差不多大，却有着比躯干还长些的黑白相间的尾羽。

大多数时候，红嘴蓝鹊并不喜欢快速地振翅，它们更愿意展开翅膀滑翔。这使它们飞起来的时候飘逸得像下凡的仙子一般。难怪古人认为红嘴蓝鹊是王母娘娘座下的使者，给它们冠以"青鸟"之名。唐代大诗人李商隐的《无题》中就有"蓬山此去无多路，青鸟殷勤为探看"的诗句。古人对于很多动物的描述都是美好的，但我想他们还是缺乏对于动物的系统观察，如果他们见识过红嘴蓝鹊的战斗力，恐怕给这些鸟儿安排的身份就不再是王母娘娘的侍女，而是她老人家的带刀侍卫了。

红隼是一种体型和喜鹊差不多大的猛禽。在野外，如果红隼不小心侵入了喜鹊或者乌鸦的领地，它可能会遭到群体围攻。但是一群乌鸦和喜鹊能做的，最多也就是把红隼赶离自己的领空，而我却见过一对红嘴

　　　　　　　　　　　　　那些我生命中的飞羽

蓝鹊夫妇攻击一只路过的红隼致其死亡。那只红隼或许是初出茅庐经验不足，也或许是之前已经有了什么伤病，但是堂堂一只猛禽只缠斗了十几分钟就落败，最后居然被红嘴蓝鹊夫妇咬到伤重不治，还是让我觉得太不可思议。而作为旁观者的我，深知人类不应该干预自然，只能眼睁睁地看着一对雀形目鸟类把猛禽给分食了。

打那之后，我看红嘴蓝鹊的眼神总是充满了敬意，并且在野外见到它们的时候尽量地退避三舍。我的朋友中经常有人被繁殖期护巢的红嘴蓝鹊攻击。有这么多前车之鉴，我本不想触这个霉头，不过有些事躲是躲不过去的。有时候我也有点相信命运 —— 如果你注定要被红嘴蓝鹊咬几口，那么光躲开野外繁殖期开挂的那些是没有用的。说不定哪时候，你上山清个捕鸟网，在网上看到一只还活着的红嘴蓝鹊，你是救呢？还是救呢？还是救呢？

没错，我第一次和红嘴蓝鹊负距离接触，就是清捕鸟网的时候。那是在北京某个区的古刹旁边，当时那边的不科学甚至非法放生已经成为一种黑色产业链，而我也曾经和那些不法分子起过冲突，后来多了个心眼儿，走到哪儿都带着点东西防身。那个时候北京还没有禁管制刀具，而我刚好有一把不大不小的砍刀，每次去什么人烟稀少的地方这东西都能给我带来巨大的安全感。一有空我就背着这个砍刀跑到附近的山上，把我能看见的捕鸟网全部放倒。彼时我刚放倒了两个捕鸟网，正在洋洋自得，慢悠悠地开着租来的车，又转了一段盘山路，老远就发现坡下的林子里，有几根非自然生长的竹竿露出来。我把车在一个安全的地方停放好，拎着小砍刀就往坡下跑。果不其然，那里并排架着两张捕鸟网，旁边居然还有一个拍网，显然，那个不法分子的目标不仅是附近的小鸟，还有更大的猎物——比如中大型猛禽。我过去对那个拍网一通连砍带踹，把它毁到碎得不能再碎，才往下走一些，想去拆那两个立网。结果走近了才发现其实网上并不是空无一物，有一只红嘴蓝鹊挂网的时候位置就偏下，又因为个儿大体沉，把整个网坠得变了形。它其实一直就在网下的草丛里，听到我走近，它才开始扑腾，但是越挣扎身上的网勒得越紧。我怕它再挣扎下去会把翼膜勒伤，赶紧跑过去束住它的双翅把它捧了起来。在这当口儿，它狠狠地咬在了我右手的虎口上，咬得我整个右前臂都跟着一麻。我当时也顾不了太多，因为盗猎分子随时可能回来，而我为了解它已经把刀放在了旁边，这时候是我防卫最薄弱的时候。我一边注意听着周围的动静，一边用最快的速度帮它把身上的网解下来。

红嘴蓝鹊这么大的鸟，一只手可是不好把持的。它的头几乎全程都是可以自由活动的，而红嘴蓝鹊又是那么聪明，很快它就把我用来遮它头的那个小布袋给甩掉了，接着就是暴风雨般的攻击，不单是把我的手咬了几口，连我随身携带的用来剪断网线的小剪子都被它咬了几口。听那小剪子薄薄的刃口被它咬得嘎嘣嘎嘣直响，我甚至怀疑再给它点时间它可以把那把剪子咬断。正在我跟它酣战的时候，仿佛是有心灵感应一样，我突然觉得周围的气氛不太对，继而站了起来，刚刚站起来就觉得腰侧一痛。那是一种钝痛。我几乎可以判断远处有人用强力弹弓打了我一下。如果我刚才没有及时站起来，那一下打到的就是我的头。因为有衣服隔着，加上腰部的肌肉比较柔软，弹丸打上去顶多是有点疼，但如果打在头上，估计当场就头破血流了。我气得立马蹲下去抄起了砍刀，大喊一声："孙子！有本事给老子出来！"结果大概对方一看觉得我不是很好惹，我听到有人跑远的脚步声。因为红嘴蓝鹊身上的网还没有解开，我也没办法出去追那人，所以我咬了咬牙，蹲下来继续解。我怕不法分子回去找帮手。真被六七个人围了的话，即便我手上拿着砍刀恐怕胜算也不大，而且那里应该算是不法分子的老家，我有刀难道他们那儿就没有吗？越想越可怕。本来我打算原地拆网，之后检查检查，没有什么伤的话就把那只红嘴蓝鹊放飞的。出了这样的事就容不得我耽搁了。眼见着红嘴蓝鹊身上的网不是一时半会儿能解开的，我干脆一不做二不休，把它周围的网整个撕扯下来，拿围巾一包放在一边，然后抡起砍刀把那几个立网也砍了个稀巴烂，这才带着鸟快步跑回了车上。也幸好我跑得及时，就在我发动汽车之后刚开过了不过三个拐弯儿，就看到有几个男的手里拎着些东西鼓噪着走了过去。我不知道他们是不是能反应过来车里的人就是我，总之他们不可能追上我，我和红嘴蓝鹊都安全了。

　　回到家，我把那只红嘴蓝鹊从布包里拿出来，给它重新套上了一个让其安定用的小布袋，遮住头后才重新开始解网。这次时间终于充裕了，我解得也很小心。后来检查的时候发现它的右侧翼膜上还是被勒出了两个深深的伤口，这可不太好。因为翼膜附近的软组织都非常薄，一旦出现伤口，处理不好的话整个翼膜都会跟着干硬坏死，那这只鸟就永远也回不到野外了。不过万幸的是类似的案例我处理了很多，家里也有足够的药品和工具，只是需要时间而已。

　　也许是因为不再被网缠着所以不那么疼了，那只红嘴蓝鹊居然仿佛渐渐能领会到我的善意。每次我打开箱子的时候，它可能会想要往外蹦，但却不再忙着咬我了。不过，它倒是对我家的老瘸猫产生了巨大的敌意，只要猫稍微靠近过来一点点，它就会立刻发出非常刺耳的嘎嘎声。然后我们家的那只老瘸猫就会一脸无辜地掉头走开。

给红嘴蓝鹊喂药实在是太费劲儿了。原本我想把那个果味的抗生素掺到食物里给它吃，结果它吃了一口就发现有点不对，然后就再也不吃了。直到我当着它的面把那盆粮食倒掉，又给它重新换了一盆，它才试着过来尝了两口，发现确实没什么异样才继续吃起来。后来我又试着把药粉用一片羊肉包住让它吃。头两天它还吃得好好的，到了第三天也不知道它是怎么发现的，居然把羊肉片叼过去之后没有马上咽下，而是用爪子协助把整个羊肉片摊开，发现了里面有药粉之后，羊肉它也不吃了。最后我一怒之下，每天早晚两次把它抓出来，用注射器把药水直接推到它嘴里。虽然这家伙吃药的时候极度不配合，但是居然也没有再怎么咬我。大概也是因为太聪明，明白鸟在矮檐下也必须要低头的道理。

这只红嘴蓝鹊也蛮幸运的，虽然我为了给它缝合伤口，把它翼膜上的一小部分覆羽给拔光了，让它看上去光秃秃丑兮兮的，但是，好歹伤口如期愈合。一个月之后，我也没太敢再把它放回到原处，因为那里总有着拆不完的捕鸟网。我把它带到以前放灰喜鹊的那个山头放了。因为我发现它的时候它已经成年，所以也不用担心它没有野外生存能力。或许它会和那片区域的土著产生一定的争斗，但是我想，凭它的实力，肯定很快就会又成为一方霸主。

大山雀

——“食脑狂魔”爱拆箱

大山雀是雀形目山雀科的鸟类。其实无需我赘述，它们在网上早已经赫赫有名 —— 那个响当当的名头就是"食脑狂魔"。是的，在自媒体平台上经常能看到大山雀去吃其他跟它体型差不多的小动物的照片。其中最著名的一张图，莫过于一只大山雀踩着一只死去的小老鼠，正准备大快朵颐。然而其实那只老鼠并不是大山雀猎杀的，它们虽然很强壮，但是跟同体型的啮齿动物比起来，力量上还是多有不及的。后来网友们找到了那位摄影师同时拍的其他照片，这些照片也证明：那只老鼠其实是被一只雀鹰猎杀的，且雀鹰当时抓住了两只老鼠。然而雀鹰刚刚得手就和其他鸟打了起来，无暇他顾，一只老鼠掉了下来就便宜了大山雀。至于小型鸟类，我和鸟友们目击的大山雀吃朱雀和燕雀的事件都有好几次了。

大山雀吃其他动物的时候，大多会优先从脑开始吃。实在是因为它们的喙强度不够，不适合撕扯猎物的皮肤和肌肉，而更适合敲开颅骨，吃里面比较柔软和松散的脑组织。其实山雀都是非常善于学习的鸟类。国外曾经有报道：一个地区的山雀里面有一只学会了开牛奶瓶的纸封，很快这个区域里其他的山雀就都学会了。

山雀的主食是各种昆虫，尤其是蛾类等农林业害虫，所以它们对农业和林业来说也是典型的益鸟。它们喜欢在树洞或者是各种建筑物的洞穴里面营巢，有很多林场为了招引山雀都会特意给树木挂上人工巢箱。事实证明，这些人工巢箱的入住率是非常高的，当然也并不都是山雀来住，还有很多其他喜欢洞穴的鸟类。

当然，不只山林里会有山雀，果园也是山雀聚集捉虫的好去处。有些果农为了防止水果被喜鹊等鸟类啄食，会用捕鸟网来杀掉闯入的野鸟而不是用线径更粗对鸟类更安全的防鸟网来阻止野鸟进入，包括山雀在内的很多野鸟都深受荼毒——当然，这是违法的。

还记得有一次，我乘公交车去凤凰岭，行至半路突然看见路边的一个小果园里张了一个捕鸟网，网上有几只小鸟在挣扎。于是等车到站停下之后，我赶紧下车往回跑。好不容易穿过几个破旧的房子找到了那个菜地，我发现其实捕鸟网并不是张在果园里，而是果园外面的菜地里的。这样一来就省了很多工夫，于是我赶紧上去把几只小鸟一起解下来，然后把那个网扯烂，又把两边的架子扔掉。这时候架网的人跑了过来，是一个老大爷。他指着我问："你干什么？"我反问："你干什么？你知不知道，这些鸟都是受保护的，你抓鸟是违法行为，你信不信我报警！"那个老大爷大概之前在这里张网捕鸟从来没人管他，冷不丁遇到我这个出来管闲事的就愣住了。随后他狡辩说："这鸟要偷我的菜。"我把我摘下来的三只死麻雀、两只活麻雀和两只大山雀给他看，我说："这几种鸟一般都只吃菜上的虫子，根本就不吃菜，没有这些鸟那些菜才会被虫子吃干净了。你编瞎话也编圆一点，你还不如说它们吃旁边的果子我还能信。"这个时候旁边走出来一个大姐，笑呵呵地跟我说："果园是我的，不是他的。"我当时一听也乐了，我说："你看人家果园老板都没说什么，你个种菜的在这儿给鸟泼脏水。"那个老大爷一看没有人帮他说话，也不言语了，让我把这几只鸟拿走。我问旁边大姐能不能把那几只死掉的麻雀埋在她的果树下，大姐同意了。

埋好小鸟之后，我也取消了原本要爬山的行程，直接打道回府。因为之前的小冲突，我并没有时间仔细地给这几只鸟检查，只是在出租车上给它们草草地喂了点水。结果回家之后仔细一看，发现有一只麻雀的脖子被勒破了皮，食道都快暴露出来了。另一只麻雀倒是还好，只是掉了一些羽毛而已。两只大山雀就比较惨，它们两个挂在网上的时间可能也比较长了，加上那天比较热，都有着严重的脱水。到家的时候，几个小家伙已经缩成一团，眼睛都睁不开了。于是我又赶紧带着它们到了单位，一通补液还有伤口处理，之后才再次回到家。我把两只小麻雀安置在一个盒子里，两只大山雀一只一个盒子 —— 因为此前有过两只大山雀放在一起打架的记录，虽然它们俩都很虚弱了，我也不敢掉以轻心。

第二天一看，两只麻雀倒是都还活着，一只大山雀死了。我很难过地把它带到楼下的花坛里埋了。另外一只大山雀倒是精神了很多，但是它站起来的时候，我发现它的右腿使不上力。我又给它检查了一次，再次确定它并没有骨折。想必是长时间的缠勒导致了肌肉或者神经功能障碍。从那天开始，我每天给它食物里加一些维生素B，还给它拿了止痛药，每天还会帮它做一点腿部的按摩，但是它恢复得并不快。一个星期之后，两只麻雀都已经伤愈放飞了，它在蹦跳的时候还是能明显看出来右腿不敢使劲。

最开始的时候，每次我把它从纸盒里抓出来它非常抗拒，还会用小小尖尖的喙来咬我，虽然不至于要流血，但是用力戳一下还挺疼的。而我也甘愿承受，因为其实每一次我帮它按摩，也都给它带来一定程度的痛苦。但是这么小的鸟每天麻醉不现实。所以，那段时间就成了我们两个互相折磨的时间。我每天都得给自己做点心理建设，安慰自己长痛不如短痛。

又过了一个星期，它的站姿逐渐正常了，我看见它在小栖木上站着的时候双腿几乎是均匀用力的，真的没有什么比这更令我高兴的事了。于是我试着不再每天抓它来按摩，但我仍然不敢贸然把它放飞。我决定再观察两个星期。而这个小家伙，在自己刚刚有所好转的时候就开始捣蛋了。原本我以为那个纸箱对于大山雀这种体型的鸟来说已经足够了。万万没有想到，小东西居然学会了拆纸箱。因为我不想让它们过于熟悉人类进而失去对人类的戒心，所以纸箱有网透明的那一面一般都是朝外放着的。我从阳台的窗户里只能看到纸箱的背面，所以我无法清楚地看到它的活动，但是我能听到它"哆哆哆"地去啄纸箱壁的声音。大山雀和黑卷尾还不太一样——黑卷尾拆纸箱是直接找薄弱环节，就是纱网和纸箱的接缝处，然后从那里撕开一个口子钻出去；大山雀采取的战术则是强拆。它用小而短的喙不停地啄纸箱壁上的一个点，直到啄出一个小洞，之后就开始用撕的方式扩大那个洞口。只用了一下午的时间，它的头就可以从那个洞口探出来了。

后来想想，我当时也挺调皮的——我在屋里隔着窗户观察它啄纸箱，观察了整整一下午，然后在它刚刚把纸箱上的那个洞弄到足够它探出头去之后，就用强力胶带把那个洞从里外两层都给粘住了。我几乎能想象到大山雀心里有多么不爽。而我刚刚关上阳台的门回到屋里，就听到那个纸箱的另一侧响起了敲击的哆哆声……

于是互相折磨很快就变成了斗智斗勇——一个不停地拆，一个不停地粘。最后粘得那个箱子里但凡它能啄到的地方都已经全被贴上强力胶带了。我以为这样一来它会放弃，结果它居然又开始在强力胶带外面努力。好在它一旦开始恢复后，身体复原速度也是非常快的。只用了一个多星期，它就一切行动如常了。它的蹦跳变得非常有力，而且它会用右腿站着抬起左脚给自己挠痒痒。我把它从那个纸箱里放出来，让它在阳台里飞，它的飞行也完全没有问题。这时候我确定它回归野外的时间到了。于是我又坐车把它送到更远一点的凤凰岭放飞，也算完成初见面那天未竟的爬山计划。

　　　　　　　　　　　　　　　　　那些我生命中的飞羽

大杜鹃

——祖传 "细作"

"庄生晓梦迷蝴蝶，望帝春心托杜鹃"，唐代大诗人李商隐的这首《锦瑟》，想必也是大家都耳熟能详的。在蜀地的传说中，大杜鹃是望帝死后所化，其意义有点像我们通常所说的"凤凰涅槃"，足见巴蜀人民对于大杜鹃的喜爱。事实上，大杜鹃也的确是应该得到这份喜爱的。它们是典型的食虫鸟，尤其爱吃松毛虫等林业害虫，说是"森林卫士"也不为过。而且它们那独特的"布谷"的声音，听上去仿佛催着人们快快播种耕田，古代的人们也把杜鹃当成鼓励农桑的神使。

然而也有那么一些人会讨厌杜鹃，因为杜鹃会把蛋下在别的鸟的巢里。它们的雏鸟比寄主的雏鸟要先出壳，出壳之后还有本能的推挤动作，用背把寄主的其他的卵全都拱出巢去，任其摔碎，或者因为得不到孵化而慢慢死去。这之后它们就可以独霸养父母的喂养照料了。大杜鹃的体型通常比它们的寄主要大很多，所以人们经常会发现一个小小的巢里蹲着很大的一只杜鹃幼鸟，把巢占得满满当当甚至已经快塞不下了，而旁边有两只特别小的鸟在辛苦地不停捉虫子喂它。人们把这叫作"不劳而获"。的确，如果这么干的是个人，那可以说是很无耻了。但杜鹃毕竟不是人。

我国的杜鹃科鸟类有9属20种，其中杜鹃属、八声杜鹃属、金鹃属、鹰鹃属的十几种鸟全部都营巢寄生，寄主包括各种莺、鸦、鹨、鸲、灰喜鹊甚至卷尾等。当然，不同的杜鹃选择寄主时会有不同的偏好。

其实如果我们回过头去想一想，就算没有杜鹃做巢寄生，那些小鸟的孩子们也不一定会全部平安地长大 —— 自然界有太多的天敌可以吃掉它们。小鸟的确可爱，但可爱并不代表正义。大自然是需要各种物种通过各种复杂的关系来维持平衡的，而不管我们喜不喜欢，杜鹃都是这个生态平衡里面天然的一个组成部分，而且我们应该记得：大自然从来不是按照人类的喜好来运行的。

营巢寄生的鸟类也不是只有杜鹃，非洲的维达雀和美洲的很多拟鹂科鸟类也是种间巢寄生鸟类。而且巢寄生并不是完全意味着养父母繁殖失败，某些种类的杜鹃科鸟类和拟鹂科鸟类在寄生的时候并不会直接杀死寄主的宝宝们，但它们个体大、抢食快，出于选择最强壮者优先喂的本能，养父母不得不优先喂它们。这样一来就会导致寄主自己亲生的宝宝们因为抢不到食物而慢慢饿死。有人做过一个实验，在被牛鹂寄生的鸟巢附近提供大量的食物，以减少寄主双亲的捕食时间，结果包括牛鹂宝宝和寄主自己的宝宝们在内的一窝小鸟全部都安全长大了。然而大自然里并没有这样免费的午餐，所以绝大多数情况下，被巢寄生的鸟类的孩子们都是下场凄凉。

不过，那些被寄生的鸟类不会全无还手之力。就像小偷和锁匠的关系一样，营巢寄生的鸟类和其特定寄主之间总是在不断地斗智斗勇的。也就是说，杜鹃等鸟类的巢寄生并不每次都成功。它们经常要使出浑身解数，把寄主暂时吓走或者引走，然后赶紧过去取走寄主的一枚卵再产下一枚自己的卵。而它们的卵的大小和颜色也会尽量模仿寄主的卵。然而即使模仿得再像，也经常有被寄主察觉的时候。比如喜鹊等非常聪明的鸟类，就有可能把这些寄生者认出来，然后叼出来丢掉。而对另外一些体型较小的鸟类来说，即使它们认出了杜鹃卵，也可能没有力气把它们弄出巢去。这个时候，它们可能有两种选择 —— 有些鸟类会把杜鹃的卵啄碎，还有一些鸟类干脆把自己原来的那一窝卵也舍弃，要么另觅巢址，要么拿一些枯草混上泥把整个旧巢封住，把所有的卵都封在里面闷死，然后再在上面重新建一个巢，重新下一窝蛋，可谓是伤敌一千，自损一万。但如果自损之前的一万，回头还能赚下一万，也是一种收获。

我倒也救过很多次大杜鹃。除了从捕鸟网上摘下来的那些之外，还有一些就是单纯的误会。大杜鹃长得非常像猛禽，这大概跟它们努力地想要把寄主吓跑或者引开有关。很多时候我们在野外会看见一群小鸟围着一只大杜鹃追咬驱逐，一般就是中了大杜鹃的调虎离山之计，把它当成雀鹰了。不仅大杜鹃的寄生目标觉得它们长得像猛禽，很多人也觉得它们像猛禽。在微信传图功能发展起来之前，有很多次，救助人发现地上有长得像鹰的鸟飞不起来了，赶紧给北京猛禽救助中心打求助电话。等工作人员到了现场才发现那其实是一只大杜鹃。而很多时候救助人所说的"它骨折了，趴在地上站不起来"，其实是因为大杜鹃的腿实在太短了，它们站着的时候也跟普通的鹰趴着的时候一样。这个时候工作人员通常会先跟救助人耐心地解释，比如说鹰的喙是90度弯下来的一个钩，并且非常锋利，而大杜鹃的喙只是稍微带一点弯，基本还是直的。另外，大杜鹃陷入困境的时候喜欢张开嘴来恐吓天敌，它嘴里面的皮肤是橙红色的，而猛禽的嘴里通常都是普通的肉色，甚至有一些比如日本松雀鹰嘴里是黑色的。其实大杜鹃最典型的特征其实就是它们那个站着跟趴着一样的小短腿儿，还有自然站立时两趾前两趾后的脚了。

当然，科普归科普，反正工作人员已经到现场了，一般也会把大杜鹃接回救助中心好好地照顾一下。大多数情况下，它们只是长途迁徙太累了，只要给补液和营养支持很快就会恢复精神，而如果发现它们有伤病的话，北京猛禽救助中心的工作人员也会给它们做一个初步处理，然后转给北京野生动物救护中心。

这些大杜鹃倒是个儿顶个儿的聪明，只要你把一小盘虫子摆在它面前，转身出去一会儿，过个十几分钟回来，基本上虫子就全都被吃光了。在进食这方面，大杜鹃可以说很让救助人员省心。如果真的遇到那种连虫都不想吃的大杜鹃，基本上它可能也快不行了。

我家后面的花园里埋了三只大杜鹃，其中一只是从捕鸟网上摘下来的，因为在上面挂了太长的时间，尽管我做了很多的抢救措施，可最后它还是死于挤压综合征导致的器官衰竭；有一只是自己飞着飞着不小心一头撞在墙上的，导致了严重的脑损伤，在我带它回家的路上，它就已经不行了；第三只死因不明，是师大的学生捡到了拿来给我的，外表看着没有任何外伤，早上我上班前看它还好好的，下班一开箱子就看见它僵硬地躺在里面了。那个花园里还埋了好几只因为各种原因而死去的喜鹊、乌鸦、灰喜鹊、麻雀、刺猬、黄鼬以及流浪猫。没办法，当我看到有动物受伤的时候，总是忍不住去救。在很多时候，我发现它们的时候其实已经回天乏术了，而我又不忍心让它们曝尸街头，成为被车辆碾轧的肉饼。虽然我并不喜欢用人类的道德去衡量野生动物，但却还是忍不住用人类的仪式送它们最后一程。

白鹡鸰

——鹡鸰在原，兄弟的确情深

白鹡鸰是一种在我国广泛分布的鸟类，在南方更加常见。它们有着黑白相间的羽色、长长的尾巴和尖细的喙。它们喜欢成小群在地面活动，最喜欢的地方就是水边的沙滩还有矮草地。那里不管是昆虫还是软体动物都非常多，而且容易获得。

古人用"鹡鸰在原"来形容兄弟情深，因为传说中如果一只鹡鸰离了群的话，其他所有的鹡鸰都会焦急地呼喊它，一直到它归队。或许这里面有夸大的成分，但鹡鸰的确是对同类非常友善的小鸟。很多地方把白鹡鸰称为"点水雀"，因为它们身材跟麻雀差不多大，又经常在水边出没，而且走路的时候尾巴总是上下摆动。这个俗称可以说是对它们形态和动作非常全面的总结了。

其实我每次去湿地观鸟，身边总是会出现很多的白鹡鸰，它们少则五六只，多则二十多只一起活动。一旦一只白鹡鸰发现了食物，它会立刻唧唧叫上几声。随后，它的伙伴们就会赶紧围上去跟它一起分享。这是动物间的一种互助行为。对于群居动物来讲，这种行为可以极大地提高它们对环境的适应程度和生存概率。

白鹡鸰的巢大多位于水边的一些土坎或者石壁、山体等缝隙中。它们一般一年只繁殖一窝。在求偶期的时候，白鹡鸰也并不像其他鸟类那样为了争夺配偶打得头破血流。它们的求偶炫耀更像是一种仪式化的展示。即便真的发生了肉搏，后果一般也不太严重。配对后的白鹡鸰会一起寻找合适的位置筑巢，筑巢完成后，雌鸟便可以产卵。通常每次可以产 3 到 5 枚，小两口轮流孵卵，等雏鸟破壳之后也会轮流喂食，直到幼鸟羽翼渐丰、陆续离巢之后的一段时间内，白鹡鸰父母都会继续喂养它们。

离巢后的一段时间内，亲鸟会教孩子们怎么在草地或者河滩上寻找食物。而孩子们在学习过程中，也可能会混入其他的小群里，最后它们可能离父母的领地越来越远。这样一来，才能保证区域内基因的多样性。

白鹡鸰是那种随便看见几个同类，甚至不是同类只是体型差不多的鸟类都可以凑到一堆的和平主义者。不过它们也不是完全没有脾气的。我就曾经亲眼目睹了一场白鹡鸰反抗伯劳"暴政"的殊死拼斗。那是在北京野鸭湖，一只红尾伯劳"单挑"六只白鹡鸰。其实在这场拼斗中，那六只白鹡鸰几乎就是一直被这只伯劳压制着的，但它们几乎从来没有放弃过。每当其中一只被伯劳按住而有丧命之忧的时候，其他几只就会上来攻击或者骚扰，哪怕它们的攻击其实并不会对伯劳造成特别大的伤害，还是拼了命地想让同伴能脱离魔爪。在这个过程中，伯劳也的确因为烦躁而几次放开过爪下的猎物。而作为知名"屠夫"，伯劳同样也没有放弃。最后伯劳还是抓走了一只白鹡鸰，带到一边的树上，那只白鹡鸰还没有完全死去，它的翅膀还在震颤，然而一切其实已经回天乏术。可以说在这场反抗"暴政"的战争中，白鹡鸰是完败的一方，但我心中不知道为何突然冒出一句话：不以成败论英雄！要知道，我一直对凶猛的鸟有特殊的好感，哪怕伯劳不是猛禽，我心里也一直向着它。然而那一次，在几只白鹡鸰的悲鸣声中，我头一次没有了替伯劳捕猎成功感到高兴的那种心情，看着被抓上树的那只白鹡鸰渐渐软软垂下来的翅膀和脑袋，我甚至觉得有点难过。但无论我怎样难过感慨，都不能去插手，因为这是最自然的食物链。自然就是自然，不应该依照人类的好恶去运行。

傍晚的时候，我从更远的湿地回来，又路过了上午看到的那个"战场"，发现不远处的铁丝网上，挂着白鹡鸰的尸体。战败者也是战利品，多少都不嫌多。伯劳有把吃不完的东西挂在铁丝或者树刺上晾干作为储备粮的习性。以前我还曾经兴致勃勃地去寻找这些残骸，然而这次我当时看见它的时候，瞬间就别开了眼睛。不知道为什么，我脑补了一个暴君，在虐杀了俘虏之后，还把尸体悬挂示众，用恐怖来维持统治。我知道这个脑补并不正确，只是触景生情罢了。附近并没有再看到白鹡鸰活动，也许它们也不愿意再看到同类的尸体，早就远远地躲开了。而那只伯劳，其实我也并没有看到它，也许它在不远处别的什么地方捕猎吧。

我近距离接触白鹡鸰的机会并不多，它们似乎也并不太容易被人捕到。或者是因为它们所生活的地方，不太适合张挂捕鸟网吧。

唯一的一次近距离接触是有一年我去横店玩的时候，在明清宫苑景区捡到一只撞墙撞晕了的白鹡鸰。而对这种创伤，其实也没有什么更好的办法。我给它嘴角滴了一些水，然后就把它放在了一个阴凉的角落。我就坐在旁边看着它，不让它被流浪猫叼走，或者被淘气的小朋友和游客伤害。大概过了 20 分钟，它就醒转过来，开始还没什么力气，懵懵地看了我好几分钟，突然"呼啦"一下飞了出去，在不远处，几只早就在徘徊的白鹡鸰迎了上去，似乎在嘘寒问暖。它们叽喳叫着蹦跳着，与我渐行渐远。

普通翠鸟

—— 仍被愚昧和贪婪伤害着的生命

翠鸟喜欢停在水边的苇秆上，一双红色的小爪子紧紧地抓住苇秆。它的颜色非常鲜艳。头上的羽毛像橄榄色的头巾，绣满了翠绿色的花纹。背上的羽毛像浅绿色的外衣。腹部的羽毛像赤褐色的衬衫。它小巧玲珑，一双透亮灵活的眼睛下面，长着一张又尖又长的嘴。

翠鸟鸣声清脆，爱贴着水面疾飞，一眨眼，又轻轻地停在苇秆上了。它一动不动地注视着泛着微波的水面，等待游到水面上来的小鱼。

小鱼悄悄地把头露出水面，吹了个小泡泡。尽管它这样机灵，还是难以逃脱翠鸟锐利的眼睛。翠鸟蹬开苇秆，像箭一样飞过去，叼起小鱼，贴着水面往远处飞走了。只有苇秆还在摇晃，水波还在荡漾。

我们真想捉一只翠鸟来饲养。老渔翁看了看我们说："孩子们，你们知道翠鸟的家在哪里？沿着小溪上去，在那陡峭的石壁上。它从那么远的地方飞到这里来，是要和你们做朋友的呀！"

我们的脸有些发红，打消了这个念头。在翠鸟飞来的时候，我们远远地看着它那美丽的羽毛，希望它在苇秆上多停一会儿。

这是人民教育出版社出版的小学生课本教材《语文》（三年级·下册）中第五课的课文。在文章中生动形象地描绘了翠鸟的一些基本形态，让

那些我生命中的飞羽

人听来感觉格外地栩栩如生。只是这篇短文里对翠鸟的介绍还不够完整，甚至仔细想一想，还有些许的谬误。

普通翠鸟的头部和翅膀是深灰蓝色，上面有一些浅蓝色斑点，两颊和前胸是红褐色，两耳后和喉部分别有三块白斑，后背是明艳的纯浅蓝色，还有一双艳红色的小爪子。雌鸟身上的颜色看上去总是比雄鸟的淡一些，而且它们还有红红的下喙，雄性成年翠鸟的上下喙都是黑的。翠鸟的个体跟麻雀差不多大，但是比麻雀要胖上一大圈，也比麻雀重很多。它们的喙又长又直，喙长占了头喙长的一半。它们的确喜欢在水边活动，因为它们的食物小鱼小虾来自于水里。但是翠鸟却并不像课文中所说的那样特别喜欢站在苇秆上，实际上这些小胖子更喜欢岩石和树桩之类更稳当些的地方。当然，它们也不会完全排斥苇秆、电线，只不过在这些容易晃动的地方站着的时候，它们需要消耗更多能量来维持头部相对于水面的位置几乎不动——靠的就是它们灵活的颈椎和超绝的平衡能力。身动而头不动，这样它们才能更准确地发现水中小鱼的位置。

一旦发现了水中的猎物，翠鸟就会迅速飞过去，但它们并非只会从水面上掠过去抓靠近水面的鱼，相反，翠鸟可以一头扎进水中，在水中捕到鱼之后再飞出水面，中间没有任何停顿。它们的羽毛有着非常完美的防水功能，这得益于翠鸟每天不停地将尾脂腺分泌出来的油脂均匀地涂抹在全身的羽毛上。油的疏水功能使得这些羽毛滴水不进，哪怕翠鸟刚刚从水中冲出来，它们的羽毛只要甩一甩就可以干洁如新。而刚涂上油脂的羽毛在阳光下会随着角度的变化而呈现出明暗不同的蓝色，就像宝石一般。

普通翠鸟 —— 仍被愚昧和贪婪伤害着的生命

它们有的时候一次可以抓两三条小鱼，一同叼在嘴里。但是等它们要吃小鱼的时候，就必须要一条一条地来了。它们会一点一点调整小鱼的角度让鱼头朝向自己的喉咙，再一口吞下。和绝大多数以鱼为食的鸟类一样，这样做是防止鱼鳍和鱼尾划伤自己的消化道。翠鸟也有吐食丸的习性。虽然它们的消化能力非常强，但也有消化不掉的鱼骨鱼鳞之类，这些东西会在胃里形成一个茧状的小团被翠鸟吐出。

翠鸟是一种穴居鸟类，它们的巢并不在岩壁上，而在土壁上。因为岩壁实在太过坚硬，以翠鸟喙的硬度无法在上面挖出一个足够大且足够深的洞。在土壁上就容易多了。很多河岸两旁都有相对垂直的土壁，翠鸟会花一周甚至更长的时间在上面挖洞。它们用来育雏的洞穴通常有50 到 80 厘米长，洞口是圆的，直径大概有五六厘米。靠外面有一段很窄的"小路"，连翠鸟自己都要低头才能通过，用来防止掠食动物捕食里面的卵或雏鸟，然而到了最里面就非常宽阔，这样宝宝们才能自然站立起来，不用一直趴着。

宝宝们就待在洞的最深处。翠鸟的卵和它们的整体形象一样，又小又圆，颜色多为米白色，偶尔也有浅棕色。翠鸟是晚成鸟，雏鸟刚出壳的时候也是眼不能睁、腿不能行的。所以最开始的时候，成年翠鸟要把半消化的鱼虾吐出来喂给雏鸟，然后将雏鸟排出来的排泄囊叼出去扔掉。等到孩子们再大一点，也就是它长出正羽，变成幼鸟的时候，它们就可以直接从父母嘴里接过那些整条整条的鱼虾了。

虽说小翠鸟从出壳起大概要由父母照顾一个月左右才能正式离巢，但其实三个星期左右的翠鸟，就会开始不愿意老老实实待在它们的洞穴里。它们会钻出来，在附近的一些小树枝或者石头上待着。这个时候它们会比以前更淘气，但仍然需要父母的照顾。有时候我们在野外看到这样的小鸟时，先不必立刻认为它们就已经成了孤儿，因为很多时候它们的父母只是出去找食了。只要离远了多观察一会儿，通常都可以发现亲鸟回来继续喂养它们。这样的话我们就可以安然离开，不必多做干预。若是太心急，贸然把幼鸟带回家中，我们可能反而因为无法给它们提供足够且合适的食物，无法教会它们正常的行为，而使它们失去回到自然的机会，甚至可能使它们失去生命。我做了十几年的野生动物救助，在这十几年的时间里，我目睹了太多好心办坏事的情况。

还记得曾经有一对夫妇出去游玩的时候见到了两只翠鸟的离巢幼鸟，他们以为这两只小翠鸟是孤儿，就把它们带回了家。可是他们并不知道翠鸟应该吃鱼，而给它们喂了很多的面包和小米，小翠鸟吃不惯这些东西，再加上严重的应激，所以一直绝食。这对夫妇没办法，只好掰开了小翠鸟的嘴，把那些米啊面包啊硬塞进去。他们给我打电话的时候，其实已经是捡到小翠鸟以后的第四天。那个时候小翠鸟们已经因为长时间没有得到足够的营养，还吃了它们无法消化的小米和面包而濒临死亡。在那对夫妇正给我打电话的时候，其中一只小翠鸟停止了呼吸。我现在也忘不了电话中突然传出来的绝望的哭声，而另外一只小翠鸟，也在他们把它送到野生动物救助中心的路上回天乏术。我后来接到了他们反馈的电话，在电话里，那位女士仍然泣不成声，让我犹豫着要不要告诉她实情 —— 其实是他们盲目的善意害死了那一对小生命。我知道他们难受，但是为了让他们以后不会再因此而伤害更多的生命，最后还是据实相告。尽管我尽量说得委婉，但我知道他们要接受这个现实还是有困难的。他们哭着挂断了电话。我不知道我的话他们听进去多少，但我想他们下次遇到此类情况的时候，应该不会再贸然干预了，或者至少他们可以想起在第一时间联系专业的救助机构，而不是凭自己的猜测胡乱喂些东西。其实只要多一点点的耐心，也许就会有一个完满的结局，可是很多时候，生命没有重来的机会。

如果我刚刚说的，还只是好心办坏事，那么我接下来要说的就是人们的贪恋虚荣罪恶的念头而导致的切切实实的悲剧。

点翠，一种起源于汉代、兴盛于明清时代的首饰制作工艺。在古代，点翠所需的重要原料就是翠鸟的羽毛。故宫博物院里珍藏着许多的点翠首饰，比如凤冠、钿子、簪等等。是的，就是那些表面盖满了蓝色的东西。它们在古代之所以昂贵，是因为传说中点翠匠人要做一件首饰，需要从翠鸟的身上活活地把羽毛拔下来，据说这样获得的羽毛才颜色鲜亮，保存时间长久。而翠鸟很小，捕捉也不易，所以就物以稀为贵了。从翠鸟飞羽上获得的比较硬的羽片点出来的叫作硬翠，而从它们背上的体羽上获得的较为柔软的羽片点出来的叫作软翠。

一个大到能盖满整个头部的凤钿上面，需要用至少两三百只翠鸟的背部羽毛才能做出来，这还不算点错了被废弃的部分。羽毛给拔光了的翠鸟，即便你把它放掉，它也不可能再在野外存活。所以每一个点翠首饰就是几十、几百甚至上千只翠鸟的命堆起来的。

在宋代，宋徽宗就因为点翠饰品太过血腥而多次下令全国禁用点翠制品。虽然歪风邪气屡禁不止，但好歹点翠并没有在宋代得到大肆宣扬。

这只普通翠鸟还算幸运，只是撞晕了，休息了一阵之后就恢复了正常，成功被放飞。

可是到了明代和清代，追求材料的贵重胜于追求美感的风气日盛，所以我们也能看到很多以现在的眼光来看并不特别漂亮，但是据说很值钱的首饰出现在各大博物馆里。点翠、象牙、犀角等首饰都是在这个时期开始流行，它们本身并不一定符合现代人的审美，但绝对是炫富的工具。

物本已稀，却又因为稀有被更疯狂地追求，也就越来越稀有，以致竭泽而渔。这样大肆屠戮之后，清代中晚期，点翠工艺就因为翠鸟几乎被屠戮殆尽而没落。人们不得不改用烧蓝，也就是现在的景泰蓝工艺来制作同样风格的饰品。直到 20 世纪 80 年代，我国有了《中华人民共和国野生动物保护法》，翠鸟被列为保护动物，它们的种群才开始慢慢恢复。

20世纪90年代，故宫博物院想要获得一些翠鸟的羽毛来修复那些斑驳不堪的古董的时候，国家特批野外捕捉了400只翠鸟，那时候都是一个比较艰巨的任务，因为翠鸟实在太少了。是的，从清末至今其实只有一百多年的时间，可是那些点翠物件儿上的羽毛脱落得七七八八，几乎都只剩了铜胎，而这一百多年时间里，翠鸟的野外种群也并没有完全恢复过来。

翠鸟应激强烈，而且它们主要是独居动物，很难集群人工饲养。在翠鸟的人工大规模繁育和商业化养殖都还没有开始的时候，如果我们要做真点翠，那所需的翠鸟都要从野外捕捉，这么做首先就于法不容。更重要的是，一旦真点翠被一些有心之人炒作起来，那么它将严重危害翠鸟刚刚有所恢复的野外种群。一百多年前，因为科技的不发达，我们曾经将它们逼入绝境一次，难道在一百多年后的今天我们还要再犯同样的错误吗？如果这一次我们再犯这样的错误，我们又还有机会弥补吗？

传统的点翠技艺以及各种材料决定了这些羽毛并不可能永远牢牢地固定在那些金属胎上。从它们离开翠鸟身体的那一刻起，它们就注定不可能再防水，所以点翠首饰是不能用水洗的，如果它们脏了的话，就只能吹、擦，或者干脆揭掉旧的羽毛重换一批。而那些胶其实也不够结实，哪怕保管得再好，大约只需要几十年它们就会开始干硬脱落。而受到传统技艺所限，脱落下来的那些羽毛是不可能再粘回去或者做其他点翠饰品的。也就是说，想要保证一个点翠首饰的常亮常新，它就是一个要不断吸收翠鸟生命的无底洞。

现在随着材料工艺的革新，有很多人用染色鹅毛、鸭毛，甚至化纤缎带就可以做出非常精美的仿点翠首饰。如果我们只是追求有光泽的蓝色，那么显然，这些新材料带来的蓝，更加精确，更加多变，有更加富丽的光泽。而且随着工艺的进步，更加结实和耐久、易于保养的仿点翠饰品也越来越多。在这样一个时代里，我们早就不再需要杀害翠鸟来做真的点翠了。

我在微博上的朋友 @katty_katty 首创了用染色化纤丝带制作仿点翠的技法（见本书文后附图），并且无偿分享给众人，就是希望大家能够把眼光放在技法和技术改良上，而不是一味追求材料贵重、稀有，更不要因此去残害翠鸟。

由此可见，只要有一颗仁善的心，我们可以在美丽的饰物和更加美丽的大自然之间找到和谐共处之道。

鸿雁和鹅

—— 一次有味道的邂逅

我们都听过苏武牧羊的故事，在这个故事里有一个关于鸿雁的典故，也就是后世说的"鸿雁传书"。当然，故事中已经说了，鸿雁传书本来就是杜撰，是用来骗匈奴人的。事实上，鸿雁也的确不能像信鸽一样做一个精准的定位。作为候鸟，鸿雁的迁徙也是春北秋南，真的要用鸿雁来传书信的话，恐怕一次要等半年，还得跑到湿地去，在成千上万只鸿雁里面一只一只地找过去。

而另外一个经常被我们提起的句子，是"燕雀安知鸿鹄之志"。这一句话里面就提到了四种动物，分别是家燕、麻雀、鸿雁、天鹅。

这里面唯有鸿雁和人类的关系最为密切。家燕和麻雀虽然时常在我们身边出入，但它们只能作为邻居，天鹅更是离一般人的生活很遥远。然而鸿雁却在很早以前就被人类驯化成了家禽，它们是家鹅的祖先。

《诗经·小雅》里，有一篇《鸿雁》：

鸿雁于飞，肃肃其羽。之子于征，劬劳于野。爰及矜人，哀此鳏寡。

鸿雁于飞，集于中泽。之子于垣，百堵皆作。虽则劬劳，其究安宅？

鸿雁于飞，哀鸣嗷嗷。维此哲人，谓我劬劳。维彼愚人，谓我宣骄。

这首诗是借鸿雁远距离迁徙来描写徭役的辛苦。繁重的徭役对于古代的百姓来说，常常是九死一生。而迁徙对于鸿雁来说，却是千里求生。候鸟通常要通过迁徙，来躲避严寒酷暑，并且寻找足够的食物和适宜的繁殖地。诚然，在迁徙过程中也是有很多危险的，但冒这些风险是值得的。

　　在国内，鸿雁主要在我国东北和内蒙古繁殖，与我国相邻的蒙古国以及俄罗斯的西伯利亚也是其繁殖地。春天二三月份的时候，它们就踏上了迁徙的旅途，四月左右，就陆续回到了繁殖地。鸿雁的迁徙看上去要比天鹅壮观多了，它们通常会组成几十到上百只的大群来迁徙。鸿雁迁徙阵列的队伍非常长，而且会不断变换队形。这个类似"人"字和"一"字的队伍是鸟类迁徙时利用气流来节省体力的最佳方式。等到了繁殖地以后，大部队就会逐渐解散，变成一家一家的小单元。跟天鹅这种一夫一妻终身相守的鸟儿不同，鸿雁的爱情远没有那么忠贞。它们的配偶关系大多数只能坚持一个繁殖季，也就是说第二年春天，它们在迁徙到繁殖地的时候，就要重新寻找配偶。而且科研人员观察到鸿雁还有很多的婚外情和同性恋行为。

　　鸿雁的巢和天鹅的差不多，也是在靠近水的地方寻一个高草茂密之处。用很多的长草叶搭出一个大的垫子形状的窝。它们每窝产五六枚卵，由雌鸟单独孵，雄鸟在周围负责警戒。和天鹅一样，鸿雁也是早成鸟类，小宝宝一出壳就可以跟爸爸妈妈到水里去游泳。它们一起去吃些水草，偶尔也会吃一些小的软体动物。在岸上的时候，它们会啄食植物的根茎，或者吃一些种子，甚至还会捉一些蚯蚓来吃。总之，不管是鸿雁还是天鹅，一些我们惯常认为是素食主义者的动物，其实并不拒绝摄入一些动物蛋白。

　　等到小宝宝长到和父母一样大，它们就要开始换羽。而这个季节，成年的鸿雁也要换羽。它们会将全身的飞羽同时脱落，所以在相当长的一段时间里，不管是成年雁还是亚成雁，大家都是不能飞的。这无疑是它们一生中最危险的时候，但是，人迹罕至的湿地里茂密的高草给了它们很好的掩护。几周后新羽毛长出来，天气也渐渐变冷了，它们就要开始南迁之旅。

鸿雁的迁徙路线和大天鹅的路线是有一些重合的，不过有一些鸿雁并不会飞到太靠南的地方。它们可能在河北、山东等地就进入了越冬模式，它们并不是十分怕冷，只要食物充足就可以。在越冬地，它们并不十分依赖水源。它们有可能到农田里啄食剩下的谷物。然而总有些人心存恶念，他们在谷物里拌上毒药，就等着这些大老远迁徙而来的鸿雁和天鹅们来吃。这几年时常有几百到几千只雁因为吃了有毒的谷物而大规模死亡的报道，实在令人心碎。

其实盗猎者用来毒死这些鸟类的毒药一般是呋喃丹。这种毒药，对于鸟类、鱼类和昆虫都是剧毒，但是对于哺乳动物来说是低毒。所以人即使吃了被呋喃丹毒死的鸟类也不会立刻毒发身亡，最多有些头疼头晕的感觉，一般吃野味的人都会喝点酒，那么这种头晕的感觉可能会被误认为是酒醉而忽略过去。但是我们要知道：低毒不是无毒，呋喃丹吃多了照样毒得死人。以前我们说离开剂量谈毒性都是耍流氓，虽然一般一个人一次吃野味所摄取的呋喃丹通常并不足以立刻致命，但是呋喃丹本身对心脏和肝肾的刺激性都非常强，而且很难代谢出去。如果经常吃野味，长期累积的话，再低的毒对身体的伤害也是不容小觑的。对于盗猎者和野味贩子来说，他们并不在乎食客的死活，他们只要能挣到钱就行了。

其实我也实在不理解为什么有的人这么爱吃野味，明明我们几千年前就驯化了足够我们吃的家禽和家畜。它们不只有更佳的口感和味道，而且更安全。

亚洲的家鹅就是鸿雁的驯化后代。不过欧洲的家鹅是灰雁的后代，所以欧洲家鹅普遍比亚洲家鹅性情更暴躁，更能"打"一些。小时候我们看的《尼尔斯骑鹅旅行记》里面的鹅，就是跟着灰雁在飞。一般情况下，驯化的家鹅其实已经丧失了飞行能力，因为我们主要是需要让它们产出更多的肉，而且不希望它们逃跑，所以在不断选择那些体大、笨重、飞行能力弱的个体进行累代繁育。不过保不齐也有那么一两只天赋异禀，真的能跟得上野生雁的飞行速度和高度。

说到家鹅，我们就能想到更多更多的典故啦。比如儿童启蒙时学的那首《咏鹅》："鹅鹅鹅，曲项向天歌。白毛浮绿水，红掌拨清波。"这首诗充分体现出鸿雁被驯化成家鹅之后，经过累代的人工繁殖和选育，它们的羽色及形态都已经与它们的祖先鸿雁有了很大的区别。家鹅的额头上生出了肉瘤一样的突起，这是野生的鸿雁所不具备的。而家鹅的羽色发白，喙和脚的颜色却越来越红，鸿雁的体羽是灰黄色，喙几乎是灰粉色的，而脚也基本上是肉色的。显然驯化之后的鹅外观看上去比鸿雁还要美。我国著名的书法家王羲之就十分喜欢鹅。据传他写了很多的字，都是为了拿来换鹅的。

法国人民也喜欢鹅。不过他们是喜欢吃鹅，著名的法国鹅肝酱，也曾经风靡全球。然而鹅肝酱的制作方法却不是那么美好。人们用填食的方式强制鹅吃很多东西，然后限制它们的活动，最后让它们都患上脂肪肝。而这样病变了的肝脏才是鹅肝酱需要的原料。这其实是对鹅的一种虐待。近些年来，鹅肝酱逐渐不再受到那么强烈的追捧。大多数人并不反对去使用动物，但是随着反对虐待动物思潮的高涨，人们更希望在饲养和宰杀它们的时候尽量减轻它们的痛苦。

近些年来，随着自媒体平台的兴起，鹅逐渐成为动物里的"网红"，甚至成为战斗力的单位。经常有人说"一个宅男的战斗力只有 0.5 鹅"。这当然是一句笑谈，但也不是全无道理。要知道，在一些地方，鹅可以代替狗来看家护院。它们有很强的领地意识，而且非常聪明，攻击性也不弱。真的被一群鹅盯上的话，就算是个成年人，可能也是个落荒而逃的下场。

我倒是没有被鹅打败过，给我留下许多令人哭笑不得的回忆的反而是它们的野外亲戚 —— 雁。当然，因为角度问题，我并没有看清到底是鸿雁、灰雁还是豆雁，又或许三者都有，因为它们爱混群。

那还是我刚刚拿到驾照的时候，北京也正好开始兴起了租车服务。那年春天，我欢天喜地地租了一辆车，自己开着就奔了野鸭湖。那里实在是个观鸟的好去处。因为天还有点凉，所以我特意穿了一件大学军训时候的迷彩服，还带了防潮垫，以及一个迷彩伪装网。到了野鸭湖，我选了个水边的草地，把防潮垫一铺往上一趴，身上盖上伪装网又随便抓了点枯草盖腿上，一个"小土包"就伪装好了。我很有成就感地小声哼着歌，支起望远镜看起了鸟。

我看到了白尾鹞和黑鸢在远处起落，黑翅长脚鹬成双成对地在不远处的浅水区慢悠悠蹚着找着食物。直到我身边开始有凤头麦鸡跑过，我更加确认我的伪装还是挺成功的。慢慢地，太阳越升越高。温度一升高，我就有点犯困，加上起早开车的疲累，不知道什么时候就拿着望远镜趴在那里睡着了。突然迷迷糊糊的我感觉屁股上一沉。紧接着大腿上又一

那些我生命中的飞羽

沉。我倒没有立刻蹦起来，因为我大约猜到是怎么回事儿了，有点无奈。我小心翼翼地以蜗牛般的速度在伪装网下面回了一下头 —— 果不其然，我身上落了两只雁。没容我多想，周围又陆陆续续地来了好多只。这真的是我有史以来伪装得最成功的一次。那些雁显然真的把我当成了一个长满了草的土包，站在我身上打理起羽毛来。要说这也是极难遇到的惬意场面，然而我心里慢慢地就有了不好的预感 —— 雁是喜欢在一些比较突出的平台上排便的。果不其然，没一会儿我就觉得腿上一热，然后心里就凉了。我感觉那些雁在我身上踩来踩去，而且似乎每一只都在我身上屙过屎的样子，真是欲哭无泪，求告无门。正午时分，本来就是它们不太喜欢飞的时候，我就这样给这群雁当了整整一中午加半个下午的"落脚点"。除了微微回头，我真的一动也不敢动，又或者说，我舍不得动。等到太阳都有点西照的时候，我感觉我的胳膊、脖子、肚子和腿都压麻了。那群雁也陆陆续续地开始向水面飞去。我等它们都飞远了之后，才敢爬起来活动活动僵硬的身体。回头一看，哎呦，我的那张网已经完全不能要了，从后背到小腿基本上全都是鸟屎。我在原地呆愣了一会儿，尽管一整天都没有吃东西，但是已经一点食欲都没有了。

　　我草草喝了点水，正要开车回去的时候发现了新的问题：这车是我租来的，我这样一身是屎的状态，显然如果坐上去就会把车弄脏。要赔钱事小，关键是雁形目是可能携带禽流感等多种病毒的，万一车辆消毒不到位，真的传染给别人，那我就罪孽深重了。想了半天，我把那个已经不能用的伪装网和防潮垫找了个地方扔掉。因为野鸭湖附近有景区，所以垃圾桶倒是还不缺的。然后我把外衣脱下来翻过来垫在汽车座椅上。

接着我很快就发现了一个悲惨的事实：有一些粪便顺着我的裤腰流到了我的秋衣上。这样一来，我开车的时候就不能往后靠着椅背。无奈我把秋衣也脱了下来，翻转里外搭在椅背上。这样一来我上身就剩下一件非常羞耻的小背心。幸好周围人烟稀少，我做贼一样赶紧钻进车里。开车回城区的时候，我一路上都在祈祷旁边经过的车里的人可千万不要往我这边看，同时也在祈祷千万不要被什么摄像头拍下这个衣衫不整的样子。这个鬼样子肯定没法直接去还车了，我只好把车先开回了家。然而我到家的时候，其实正好是小区里面人流比较多的时候。我继续像做贼一样左看看右看看，好不容易瞅了一个别人都不注意我的空档，像离弦的箭一样蹿出了车直奔楼上。母亲正在做晚饭，看到我进屋的样子吓了一跳，还以为我被人抢劫了。我赶紧跟她说："没事没事，人财俱在，就是身上都是鸟屎，得换了衣服才能去还车。"这下母亲也没有胃口了，她没当场吐出来已经很不容易了。

当然，尽管我做了很多的努力，然而防得了鸟屎却防不了鸟屎的气味。等我再下楼的时候，一拉车门，就觉得简直是打开了一罐生化武器。于是我又赶紧回家拿消毒液，还有香水和空气净化喷雾，对着车一顿狂喷，以至于我去还车的时候，那个负责验收的大哥一拉开车门就是一副似被雷劈了的表情，诧异地看了我半天。

无论如何，那股浓郁的消毒水味加上茉莉味清新剂再加上水果味香水的味道，成功地把鸟屎味遮掩了过去。在那之后，我再去外面观鸟只会穿颜色稍微暗一点的衣服，不会把自己搞得那么融入环境了。现在能在我背上随便踩来踩去的，只有我们家的猫。

夜鹰

—— "biubiubiu~"

夜鹰并不是夜莺，而是夜鹰目夜鹰科的动物，它们在古代被称为鸱、鹠或蚊母鸟（《尔雅》：鹠，一名蚊母，相传此鸟能吐蚊，其声如人呕吐，每吐辄出蚊一二升。又见《唐史补》及《齐东野语》）。人们之所以称它们为蚊母鸟，是因为看着它们在天上飞的时候前面有好多蚊子，误以为蚊子是它们吐出来的。然而事实恰恰相反，夜鹰张着大嘴满天飞的时候，恰恰是在吃蚊子。它们的嘴非常宽，而且上下颌可以打开成一个非常大的角度，整只鸟就像变成了一个张开大口的袋子一样。这样可以保证它们在夜间飞行的时候能最高效地将前方的蚊子收入口中。夏天比较容易被蚊子咬的小伙伴们，现在可以宣布夜鹰是你们的朋友了。

光看翅膀上最外侧几根初级飞羽的花纹，夜鹰还有点像红隼。但是只要再稍微往别处看一下，就会发现它们那树皮一样斑驳的深褐色身体跟红隼大相径庭。它们的头很大很圆，喙在闭着的时候看上去非常小，但只要它们张开嘴，我们就会发现那嘴和脸是一样宽的，乃至当它们张大了嘴的时候，我们从正面根本就看不见它们的脸。它们的嘴边还有很多胡须一样的小羽毛，目前推测是用来感知气流并且帮它们感知猎物所在的。它们的腿其实比杜鹃的还要短，这么短的腿也使它们不良于行，白天几乎都在大树枝上趴着 —— 这也是它们另外一个俗称"贴树皮"的由来。当它们安静地趴在树枝上的时候，那深褐色的体羽也正是它们的保护色，使它们跟树浑然一体。白天它们就这样躲避天敌。

夜鹰的鸣声非常奇特。我并不十分擅长描写鸟类的鸣声，但是夜鹰那仿佛玩具机关枪一样"biubiubiu~"的声音实在是太令人印象深刻、过耳不忘了。它们求偶的时候会"biubiubiu~"；恐吓天敌的时候会"biubiubiu~"；什么事也没有，就是飞着飞着高兴了的时候也会"biubiubiu~"。

而它们的繁殖也很有意思。它们并不会搭窝，而是直接把蛋产在地上。对，夜鹰也是瞎凑合界的大佬。它们会找一个有矮树丛或者草丛的地方产蛋，如果不是人流特别密集的地方，倒是不用担心被人踩碎。夜鹰是雌雄轮流孵卵的，一般雌鸟负责白天，雄鸟负责夜晚。它们的宝宝也是晚成性的。

前面说过夜鹰从某些地方看上去有点像红隼。在微信普及之前，经常有救助人把夜鹰当成红隼，把它的腿短当成骨折，把它白天正常的闭眼当成虚弱得快要死了，然后打了救助中心的热线电话。而通常当我们赶到现场的时候，就会看到一个嘴张得跟脸那么宽的家伙，一边原地乱扑腾，一边发出"biubiubiu~"的恐吓声。我们还是会按照流程给它做一个基础检查，只不过一般做完检查之后，我们都会发现它其实什么伤病都没有，只是长得太容易让人误会而已。

夜鹰几乎只吃虫子，而且更爱吃蚊子等小飞虫，如果真的遇到那种骨折的、有外伤的需要护理的夜鹰，要给它们接骨或者处理伤口很容易，但是要成功把它们喂活就略难了。原本我们曾经试过撬开它的嘴硬塞一些面包虫，结果全被这些大嘴小怪物给吐了。后来还是台湾鸟类救助中心的朋友向我们传授了一些救助夜鹰的经验 —— 把面包虫、蝇蛆、蜂蛹还有用灯诱来的蚊子苍蝇一起搅碎成糊糊，然后用注射器接上软管，直接推进它的胃里。这样一来救助的成功率就高了很多。不过因为夜鹰的数量本来就不太多，而且行动也很隐秘不容易被人发现，所以我们总共

被人误以为受伤的夜鹰

救的也不太多。不过无一例外，我在护理它们的时候，都会被"biubiubiu~"地骂一顿；放飞它们的时候，也是目送它们一边"biubiubiu~"地骂着一边飞走。

它们那玩具机关枪似的声音，还是在野外听着更舒服。

雨燕

——"小短腿"乌龙事件

雨燕类都是攀禽。它们的外貌乍一看和家燕很像，但再仔细看就会发现，它们全身基本上都是深灰色的，头部比家燕要扁上许多，而且它们的脚趾是四趾都朝前的，不是像家燕一样三趾前一趾后，所以它们也不可能像家燕一样挺拔地站立，只能一直趴卧着。这样的生理结构也使它们的腿缺乏足够的动力，它们一旦落在地上，很难平地蹬跃起飞。

有人会问了：既然雨燕一旦落地很难再起飞，那它们如何繁殖？如何产卵孵卵呢？

雨燕通常都会选择一些崖壁或者高大建筑的顶部来停栖。这样它们想起飞的时候，只要爬到建筑物或崖壁的边缘，松开爪子做个自由落体就能顺利地起飞了，就像电影《阿凡达》里面的迅雷翼兽那样。虽然它们降落以后行动笨拙，爬行艰难甚至有点狼狈，但是雨燕是这个世界上平均飞行速度最快的鸟类。依靠着卓绝的飞行速度和高超技巧，它们在空中捕捉起飞虫来如鱼得水。而雨燕其实也并不十分需要降落。科研人员观察之后发现——它们生命的四分之三时间几乎都用来飞行，甚至可以在飞行中边飞边睡。也许它们唯一需要时常降落的时间就是繁殖期了。

北京有两种雨燕：普通楼燕和白腰雨燕，它们都是北京地区的夏候鸟，经常会结伴混群出现。每年四五月份，它们远渡重洋，从越冬地回到我国开始繁殖。有研究表明，普通楼燕一生迁徙的距离加起来几乎相当于地球到月球的距离。

在北京，雨燕一般会利用一些古建筑来繁殖。但是随着古建筑的各种改造修缮，能继续让雨燕繁殖的地方越来越少。现在大概只有颐和园、圆明园等大型园林，还有高大的古建筑附近，还能经常看到雨燕成群而

　　　　　　　　　　　　　那些我生命中的飞羽

飞的身影。

每年都有一些雨燕因为落地之后无法起飞而被好心人救助。很多时候救助人会十分担心它们受了严重的伤，因为它们趴在地上的样子看上去很虚弱。通常我们会建议救助人把它们原地举高，如果没有伤病的话，它们自己就会飞走。粗略统计80%以上的雨燕被举起后几分钟内就会自行飞走。而那些一直没有飞走的个体，就是真的有伤病或虚弱，需要救助的了。

很少有雨燕真的需要救助，但如果真的遇到那种骨折或者生病的雨燕，救助人员就需要付出比照顾别的鸟类更多的心力来照顾它们。雨燕一旦进入人工环境就不会再主动张口进食，所以喂养伤病雨燕是一件非常令人头疼的事情。一只两只还好，有时候一场大风雨之后，可能同时会捡到四五只，甚至更多。每一只都要硬掰开嘴填食。既要小心不要让它们被呛到，又怕处置时间过长，使它们过于应激，不利于康复。不过幸好雨燕也都很乖，它们在纸盒里趴着的时候，基本就是乖乖不动，除了不自己吃东西之外也算得上是非常配合的病号了。

说到救助雨燕，每年还会发生很多乌龙的事情 —— 因为雨燕的上喙也是稍有些弯的，而且它们的爪子抓人的时候还挺有劲儿，会让人感到有点疼，所以会有一些救助人把它们误认为猛禽。记得2009年，当时还没有微信，有一天一个私人诊所的医生联系我们，说他房间里飞进来一只小鹰，受伤了飞不起来，而且一再向我们保证那只小鹰的眼神十分犀利，就是鹰的眼神，更说它妈妈还在窗外看着。等我们到了之后发现，被救助的是一只雨燕，窗外站着的倒的确是一只猛禽 —— 雀鹰。雨燕一副惊魂未定的样子，雀鹰则显然是到嘴的美食飞了，十分不甘心，然而发现有很多人看着它，踟蹰了半天还是不得不放弃。其实我们当时也曾怀疑那雀鹰曾经被人非法饲养过，不然一般野生的雀鹰不会那么不怕人。我们费了很多唇舌跟救助人解释他救的真的不是猛禽，救助人最后也还是将信将疑。不过后来我们还是把雨燕给接回了救助中心，做了全套检查发现它真的是一点问题都没有，于是我们就在救助中心原地把它举高放飞了。

那些我生命中的飞羽

丘鹬

——还敢更傻点么

丘鹬是鸻形目鹬科的鸟类。说起鹬，恐怕我们想到的第一个成语就是"鹬蚌相争，渔翁得利"。鹬科鸟类中的确有很多是会吃贝类的，也就是说其中一些的确是有可能被贝类夹住。不过丘鹬也可以算是鹬科里面的一个小小的异类吧——大多数鹬科鸟类都是白天活动的，丘鹬却喜欢晚上活动；而大多数鹬类都喜欢到水里去翻找食物，丘鹬却独辟蹊径，它们白天在森林里蛰伏，晚上就在林子里或者水边草地上吃一些昆虫和蚯蚓等等；大多数的鹬都喜欢成群活动，丘鹬却性格孤僻，除了繁殖季可以看到它们成双成对或者带着宝宝之外，绝大多数时间它们都是单独出没的。

丘鹬羽毛的颜色和纹理很像枯树皮，脑后有几道很宽的黑色横斑。它们有着胖墩墩的身材，纤细而不太长的腿，但是却有着非常长的喙。这个长喙有助于它们在泥土里翻找食物。

虽然丘鹬和其他鹬科鸟类有着些许的不同，但它们还是有很多相同之处的。比如它们的巢都十分简陋。鹬科鸟类都是瞎凑合的行家，它们一般随便找一个草地、泥土地或者沙滩，随便再垫点儿贝壳或者是草之类的东西，甚至什么也不垫就开始产卵。因为丘鹬更喜欢生活在林地，所以它们的巢也是在林地的。一般会选择林间枯草杂乱处或者是那种倒伏的树木下面做巢，巢里的垫材也是就地取材，比如从附近直接拽过来的草叶。丘鹬的巢是雌鸟一手包办的，连孵卵也是。它们的宝宝是早成性的，也就是说出壳之后就可以四处跟着妈妈活动。

因为丘鹬特别喜欢在低空活动，所以也特别容易撞到捕鸟网上。如果真的救助了丘鹬的话，安置区需要比较大的空间。它们是应激非常严重的鸟类，即使我们把它们放到纸箱里保持黑暗安静，它们也不会放松，而且特别不容易自主进食。真的救到丘鹬的话，要给它们单独准备一个房间。除了添加食物和必要处理之外，人还要尽量远离这个房间，连脚步声都不要让它们听到，以让它们获得充分的安全感，它们才会开始吃东西。一个能让它们放松的环境才可以让它们更快恢复。不过丘鹬也十分温柔，至今为止，我还没有被丘鹬攻击过。

有那么几次，丘鹬给我留下了十分"蠢萌"的印象。

还记得有一次我去郊外观鸟顺便拆捕鸟网，有个拖地网上居然挂了三只丘鹬。三只都还活着。我过去仔细一看，发现这三只都没有缠得太严重，基本上都是脖子卡进网眼里了。显然它们都是走上去的，而不是飞上去的，而且在头已经卡在网眼里之后，它们竟然选择的不是向后退，而是继续往前挣扎，所以才越缠越紧。我把它们一一解下来，检查之后发现没有伤，所以就拿到稍微远一点的地方，打算把它们直接放飞。结果前两只飞得还算不错，第三只不知道为什么突然又一猛子扎到了之前我还没来得及拆的捕鸟网上。我笑得直捶地，但还是赶紧跑过去再把它解下来，它睁着无辜的大眼睛不明白我为什么笑得上气不接下气。这回我不敢立刻放，只好先拿毛巾把它包住，然后把那几个捕鸟网全都砍断了，最后才敢把它拿来放飞。反正它也是夜间活动的，哪怕当时天有点黑了也不影响它活动。

还有一次，我的朋友"何文喵不是器材党"在大学校园里，走着走着就看到远处一坨小黑鸟以迅雷不及掩耳之势飞了过来，撞在了一旁的行人身上，又从行人身上弹到一边，一脑袋扎进了路边停放的自行车的辐条里，紧接着就在那里好一通挣扎扑腾，但还是只知道向前不知道后退，所以死活出不来了。朋友当时也是哭笑不得地把它从一堆自行车里解救出来。他当时看这丘鹬如此蠢，还以为它是受了什么伤导致了神经症状，着急忙慌地就把它带到了我这里要我帮忙检查一下。而我给它做了全面检查之后，发现它真的什么伤病都没有，只好一脸无奈地跟朋友说：大概"蠢萌"就是这个物种的天性。

第二天我们打算把它带到一个就近的开阔地放掉。那地方是一个大草坪，长宽差不多都有五十米，但在其中一边的正中间有一片试验田，上面搭着铁架，罩了防鸟网。其实这一小片试验田的长度大概只有不到十米，两边都是空旷无遮拦的地方。我们把丘鹬放在地上，一松手，它径直就奔着那片防鸟网飞过去了，然后一头扎在那上面。等我们一边笑得像神经病一样一边跑过去把它解下来之后，它又径直地飞回了我单位，落在了我们用来运垃圾的一个小平板车下面。我们几个瞬间就崩溃了。最后没办法，只好把它用箱子带到了更加空旷的郊外放了。

有时候很多人会想这些"蠢萌"的物种到底是怎么活下来的。然而其实它们只是不太适应我们人类改造过的环境罢了。在无人干预的自然环境中，它们其实可以活得非常好。大自然里本来就没有自行车，更不该有捕鸟网。

鹊鸲

——有惊无险时遇到的好奇宝宝

鹊鸲是雀形目鹟科鹊鸲属的小型鸟类。它们只比麻雀大一点点，名字中的"鹊"字很好地说明了它的身上只有黑白两色 —— 它们的头部、颈部到整个背部都是纯黑，两个翅膀是黑色带白斑，腹部是纯白。鹊鸲是我国南方常见的鸟类，有一个别称叫"四喜"。鹊鸲的鸣声细腻悦耳，婉转动听，即便是看不到它们的身影，仅凭这些鸣声就能感觉到它们的陪伴。

鹊鸲对巢址的选择比较复杂多样。它们既可以利用树洞或者建筑物的孔洞，又可以自己用枯草等东西搭一个碗状巢。每到繁殖期，鹊鸲们的领地意识就变得非常强，雄鹊鸲之间为了争夺配偶可能会持久地打斗。而一旦它们结成繁殖对，它们就会赶走领地里面的其他同类。一旦开始产卵，它们为了保护自己的巢和宝宝，连流浪猫都敢打一打。当然，它们并不能真的打得过流浪猫。

鹊鸲宝宝也是晚成鸟，刚出壳的时候也是眼不能睁、脚不能站的状态。它们需要由父母轮流喂养二十多天才能离巢。刚离巢的鹊鸲幼鸟上半身是灰色的，而不是深黑色。这个时候它们好奇心非常重，经常看到什么新奇的东西都想凑上去好好端详一下。它们经常出没于灌木丛中。因为并不会飞得太高，所以小鹊鸲们经常容易撞到捕鸟网上，我一到南方出差或者游玩，经常就要从捕鸟网上解下鹊鸲。这是件很容易的事情，鹊鸲体型小，喙的咬合力也有限，就算它们真的生气咬人，也并不会给人带来多大的疼痛，更不可能造成什么严重伤害。反而看它们努力撕咬的样子我还怕我的手硌坏它们娇嫩的喙。

2014 年，我在广西北海参加一个鸟类保护研讨会，抽空跟朋友去冠头岭观了几次鸟。当时正是鸟类迁徙季节，冠头岭山区时不时地就能听到枪声。朋友告诉我当地的盗猎非常严重，可能会眼睁睁地看着刚刚从你头顶飞过的猛禽下一秒就被土制猎枪击落。我之前就到过北海，领教过当地盗猎分子的厉害，对这些凄惨的场景也不是第一次见，有足够的心理准备。而且我也希望当天不只是观鸟，最好可以协助巡山人员揪几个盗猎分子出来。朋友同意了，于是我们一起在附近的几个山头转了起来，我们分工合作，每人负责几个小山头。就在我沿着盘山公路行进，还没有开始爬山的时候，突然听到身后传来几声细碎的叫声。我回头一看，一只鹊鸲亚成鸟就站在离我两米远的树梢上，好奇地打量着我，而且还在不停地抖着它那可爱的小尾巴。我冲它笑笑，继续赶我的路。然而很快我就发现这个小家伙其实是跟着我的，它一直都在离我身后两米到四米远的地方，嘴里不停絮絮叨叨地念着什么。等我找到了能往山上爬的小路之后，它就不再继续跟我了。我当时想，大概山上有什么东西是它特别讨厌的吧，说不定刚好是盗猎者。这种预感居然应验了，在我爬到半山腰的时候就发现了有人在那里吃过饭，甚至还有生火过夜的痕迹。再往上走一点，果不其然，我发现了一片空地 —— 那里原本应该是有许多灌丛的，可是灌丛都已经被砍光了，只剩下裸露出来的草地。在这片空地中就架着两个捕鸟网。从旁边还放着的一些食物和水来看，盗猎者并没有走远。于是我立刻拨打了当地森林公安的电话。因为附近小山众多，我也初来乍到，并不能准确地说出到底是在哪儿，所以我又跑到山下去等森林公安。而就在我等待的那几分钟里，我发现那只鹊鸲少年居然又找了过来。小东西仍然是在离我三四米远的地方朝我细细碎碎地小声叫着。它的出现，让我焦急的心情得到了一定程度的缓解。十分钟后，

盗猎者留下的痕迹

我在拆除盗猎者设置的捕鸟网

被拆掉后的捕鸟网

森林公安赶到了，但是只有两名森林公安出警。同时在另一个山头上巡视的朋友发现那里支着一个鸟媒，那是一只活的凤头蜂鹰，也需要森林公安出警。

结果，最后跟我上山的森林公安就只剩下了一个。我带着森林公安走到了之前发现有人生火的痕迹位置，给他指了一下地上的那些食物包装，然后又带他到了那架着捕鸟网的空地上。结果就在我们刚一拐弯儿的时候，突然发现盗猎分子已经回到了空场上，手里还拿着枪。我当时反应慢了一点，有点愣神，旁边的森林公安立刻把我推倒在一边，然后他自己大喊一声"警察！不许动！"就冲了上去。盗猎者见势不妙赶紧掉头往山下窜去，而森警同志也追了上去。过了几分钟，森警同志跑了回来，手上拿着盗猎者的那杆枪。人虽然跑了，好歹枪缴了下来。而我们同时又在不远处的地上搜到了另一支备用枪。那是一支长达 1.2 米的土制火铳，里面是填装霰弹的。森警同志将现场拍照留证之后，跟我把那些鸟网都拆毁了，我们扛着枪一起下山，在公路旁边找了一个不会引起火灾的地方，把那些捕鸟网都给烧毁了。这时候我朋友也已经将另外一个山头上的凤头蜂鹰救了下来。遗憾的是，因为警力有限，两个山头的盗猎分子都逃跑了，但森警同志跟我们保证会加强对附近区域的巡视。

就在我们踏上归途的时候，之前那只小鹊鸲又出现在我旁边。这一次它离得近了很多，大概只有一米远，近到我那快要报废的破手机都能拍清楚它的样子。虽然我知道它其实听不懂，但我还是喊了一声："宝贝儿，笑一个。"然后它真的就停下了，用一种回眸一笑百媚生的姿态望着我。虽然它很配合，但是因为我拍照技术太烂，最后照片还是拍糊了。

　　　　　　　　　　　那些我生命中的飞羽

盗猎者搭的窝棚

当然，遇上这样一只好奇宝宝其实只是巧合，然而像我这样的戏精少女，当然会脑补一万字的各种神幻小说出来。

后来我把这次的遭遇跟朋友讲，朋友们都大呼惊险。但是我反而没有觉得特别害怕。除了森警同志给我的充分保护之外，每次我想到这件事情，总能想到那只好奇的小鹊鸲，反而觉得有趣多些。但愿那里的盗猎能得到遏止，这样人们便可以只见到美好。

乌鸫

—— 天降"翔"瑞

说到乌鸫，有相当一部分人会对这个名字感到比较陌生，甚至有人会把这两个字错看成"乌鸦"。而乌鸫在长相上的确和乌鸦有些相像。在一些模糊不清的照片里，光看那黑漆漆的背影是难以分清到底是乌鸫还是乌鸦的。但如果你能看清它们的头部的话，答案立刻清晰而见 ——乌鸫的喙通常是黄色的（亚成体和非繁殖季节为褐色），另外还有一个明显的黄眼圈（眼睑），而乌鸦就是从头到脚都是乌漆墨黑的。如果看到实物，倒是很少有人会把乌鸫和乌鸦混淆，因为乌鸫的个体要比乌鸦小很多，大概只有乌鸦的一半大。要是能听一听它们的叫声，那区别可就更大了。乌鸫在古代被称为"百舌鸟"。

　　唐代诗人严郭有一首《赋百舌鸟》：

　　　　此禽轻巧少同伦，我听长疑舌满身。
　　　　星未没河先报晓，柳犹粘雪便迎春。
　　　　频嫌海燕巢难定，却讶林莺语不真。
　　　　莫倚清风更多事，玉楼还有晏眠人。

　　另一位唐代大诗人王维也有一首《听百舌鸟》：

　　　　上兰门外草萋萋，未央宫中花里栖。
　　　　亦有相随过御苑，不知若个向金堤。
　　　　入春解作千般语，拂曙能先百鸟啼。
　　　　万户千门应觉晓，建章何必听鸣鸡。

从这两首诗里，足见乌鸫鸣声的悦耳和多变。实际上，乌鸫作为雀形目的鸣禽，它们的效鸣技术非常高超 —— 模仿二三十种其他鸟类的叫声不在话下。当然了，比起八哥、鹩哥、鹦鹉、琴鸟等效鸣界的状元还是略逊一筹。至少目前还没有乌鸫可以模仿人言的记录。

效鸣是乌鸫求偶炫耀的一部分。这种全身乌漆墨黑的小鸟，除了一双水汪汪的大眼睛格外惹人怜爱之外，其他地方的长相真是乏善可陈。雌性乌鸫不是颜控，而是音控。它们更喜欢那些效鸣独特且曲目丰富的雄性来做伴侣。其实即便不模仿其他鸟类的声音，乌鸫自己的鸣声也很好听。

曾经有一次，我们单位后院的一只雄性乌鸫用各种效鸣叫了一整天，我当时开玩笑说："如果我是雌性乌鸫，我都心动了。"然而院子里的雌性乌鸫却不为所动。后来朋友说，那只雄性乌鸫可能是用十八种调门喊了一整天的"注意休息，多喝开水"。我听了之后笑得不可自抑。然而我们人类的追妹子技巧并不能传授给乌鸫，所以我也是生生看它追了三天才把妹子追到手。之后，它们俩就开始了"缠缠绵绵翩翩飞"式的"撒狗粮"。它们俩不只喜欢在单位后面的小院出没，还喜欢在大院门口那几棵柏树上停留。有很多次我去食堂吃饭的时候路过那几棵柏树，就有一只乌鸫突然蹦到我面前，一副"此树是我栽，此路是我开，要从此路过，留下买路财"的得意洋洋，丝毫不怕我这个庞然大物。它站在那里观察着我，大概也觉得我看上去有点眼熟，又或者觉得从我身上讨不到什么好处，在我站定了问它"May I help you, Sir"之后，它又无趣地飞到我身后的树上，那里有另一只乌鸫正在等着它。然后它们就在离地一人多高的地方啾啾啾地不知道在说什么。等我从食堂吃完饭回来的时候，这个场景会差不多再重复一遍。

我问过同事，得知他们也和这对乌鸫夫妻有过类似的邂逅。

到了繁殖期的时候，乌鸫并不是雄性先把巢筑好再求偶。它们和喜鹊差不多，是求偶成功之后小两口一起去选巢址，然后一起筑巢。它们可能会把巢建在一些高大乔木上，也可能会选择人类的建筑物等一些稍微突出的平台上，比如窗台。一般都是雄乌鸫选择一个大致的范围，然后由雌乌鸫再去精确地选哪里最好。如果雌性对整个区域都不满意的话，小两口可能会换一个地方重新选。选好地址以后，小两口就开始忙碌起筑巢工作。它们会收集很多的细草和细树枝，把它们盘成一个碗状，同时还可能收集一些泥土来加固这个"碗"，当然不是所有乌鸫都喜欢用泥。乌鸫不太喜欢在巢里垫太多的羽毛。所以它们的巢内部看上去就非常地清爽，这大抵因为乌鸫主要分布在我国南方，近几年才开始有往北扩散的趋势，现在倒是连北京都能看得到乌鸫繁殖了。南方的鸟巢里，保暖不是第一位的，通风散热反而更重要。它们每次一般会产4到6枚卵，卵壳的底色从青白色到蓝色都有，被有一些褐色斑点。

整个繁殖期，乌鸫的领域意识会变得非常强。哪怕平时爱好和平的它们，这个时候也容易和其他个体甚至其他物种起争端。在网络自媒体平台上，有不止一个人述说过自家窗外的乌鸫被猫惊吓过之后，开始不停地向玻璃上甩粪便来报复的事。当事人往往不堪其扰，因为通常乌鸫选定了这个巢址并且已经成功筑巢还孵出了雏鸟之后，它们是不会轻易放弃自己的巢和孩子的。经常出现在窗子里的猫对它们来说是极大的威胁，所以它们只好用自己的方式持续做出攻击行为。这种行为也会贯穿整个繁殖期，甚至有可能延伸到繁殖期之后。

在新浪微博上关注过@江宁婆婆的人，可能都知道"天降翔瑞"这个梗。以至于后来有人捡到乌鸫幼鸟发到微博上求助的时候，会收到很多"小心伺候呀，不然小心以后甩翔报复你"的评论。看来，乌鸫这种"鸟中轰炸机"的形象已经深入人心。其实如果真的跟乌鸫做了邻居，要避免矛盾也很容易 —— 只要在窗子上贴一层报纸，不要让乌鸫看到屋里的猫就好了。

成年乌鸫的确会记仇，但是幼年乌鸫却不会。乌鸫并不是依赖性十分强的鸟，或者可以说它们的野性本能更强。在救助乌鸫幼鸟的时候，可以不用像救助喜鹊和乌鸦时那样需要小心避免造成行为问题。它们杂食，昆虫等小型节肢动物、蚯蚓、蜗牛、水果等都可以吃。所以只要保证营养均衡，就可以很容易地把一只乌鸫养大。通常优质画眉鸟粮加上些面包虫、骨粉和浆果就够了，当然，如果多花一些时间去帮它们捉一些蝗虫、蟋蟀、蚯蚓来吃，就更能满足它们的营养需求，而且对于教会它们在野外捕捉合适的猎物也有好处。等到了羽毛丰满的时候，小乌鸫们自己就会想要去外面闯一闯。若是住在六层以下，这个时候只要把窗子打开，让它自己选择飞出去的时间就好。条件允许的话，可以采用软放飞的方式 —— 就是在刚成年的小乌鸫飞走之后仍然在窗口提供食物，这样如果它在野外找不到食物，还可以回来垫垫肚子，不至于因为无法适应环境而饿死。乌鸫是可以向周围的其他同类学习的，哪怕那些同类并不是它的亲生父母。所以只要不出大的意外，它们是可以在一两周之内学会自主觅食的。

一只被救助的乌鸫幼鸟

如果我们捡到的是乌鸫的雏鸟，即绒毛还没有完全褪掉的那一种，其实给它们一个垫了厚毛巾的小碗就可以了。最好还是给它们弄一个大一点的箱子，像微波炉或者洗衣机的包装箱就很好。可以把这个箱子两面替换成纱窗网，另外两面横插一些手指那么粗的树枝来给它们做栖木。最开始，把用来做巢的小碗放在这个箱子里，让小乌鸫待在碗里面，每次在它开始乞食的时候再把食物喂进它嘴里，要注意的是食物不要太细太散，否则可能呛到它们。喂的时候也要小心地把食物往它们食道里塞一点，而不要只放在舌尖附近，太幼小的鸟口腔内的肌肉，包括舌肌，发育都不完善，没办法将特别靠外的食物吞进去。等到它长大一点了，不在巢里待了，想要开始四处探索的时候，它们就可以在那些栖木上自由地跳上跳下，锻炼下肢力量。而等到它们正羽基本都开始长出来，行动自如的时候，每天喂食时就不要让它们再看到我们的脸了。每天早上可以把这个箱子带到室外晒一两个小时的阳光，但是注意不要让阳光直射到小乌鸫身上，放在树荫下最好。同时，箱子里要准备干净的饮水，可以让它们喝水或者洗澡来降温。另外，千万注意防范流浪猫。

　　上面说的这些做法是以让小乌鸫最终能回到野外为目的的，除非是因为残疾、慢性病，以及可能成为入侵物种等原因无法放归野外，否则我是不大赞同将救助来的野生鸟类留下来养一辈子的。它们毕竟还是应该到大自然里去实现自己的生态功能。所以在照顾它们的过程中，我们会尽量避免使它们形成一些印痕行为或者习惯化行为，同时我们还会尽量锻炼它们的野外生存能力。说实话每次我看见那些在狭窄的鸟笼里焦虑地蹦跳的鸟儿，心里都十分不好受。它们孤独地鸣唱着，那些本来应该用来吸引异性的美妙歌声，听上去是那么的凄凉。因为人们自私的需求，这些鸟儿们永远失去自由，失去将自己的基因传播下去的机会，甚至其中一些鸟儿因此失去了生命。

北方养乌鸫的人并不多，但是到了南方，经常能看到被关在笼子里的乌鸫。乌鸫成鸟的应激性非常强，如果把成年的乌鸫抓来关在笼子里，它们很有可能会不停地冲撞笼子，直到把自己活活撞死。所以南方很多养乌鸫的人都是掏幼鸟来养的。而那些安然待在笼子里的小乌鸫，从小就不知道自由为何物，它们虽然可以衣食无忧地活着，但是也永远失去了活力和精神。哪怕饲养者故意用很多别的鸟的叫声来让它学习，它们的叫声也永远不如在野外自由自在的那些乌鸫叫得那般精彩。

还记得有一次我去武汉出差，特意多留了两天私人时间想要去东湖游玩一下。然而不巧，我去那天刚好赶上了大雨倾盆，风也不小。东湖里已经没有了其他游人，我虽然打着伞，身上的衣服也全湿了。于是我就抱着破罐子破摔的心态，干脆继续迎着风顶着雨在东湖的岸边散步，看湖水在瓢泼大雨中澎湃起来的美景。当时陪着我的就是两只小䴙䴘，一只黑水鸡，还有几只乌鸫。小䴙䴘见了我，不着痕迹地游远了。大概是我出现得太突然，黑水鸡一副见了鬼的表情，连滚带爬地仓皇逃窜了。只有那几只乌鸫，它们在被雨水淋得油绿油绿的草地上找吃的，十分安静地在我身边保持着小步快跑几步，然后站定了看我一眼，埋头再小跑几步的状态，亦步亦趋。离我最近的那只我几乎跨一大步就可以摸到它。我其实也挺好奇为什么它们并不怕我，而它们也仿佛知道我不想打扰它们，就像心有灵犀一般，双方都走得越发怡然自得。到最后它们只顾埋头找蚯蚓，连抬头看我一下都懒得看。而我却不再看湖，不再看雨，专心看它们忙忙碌碌的小身影。我小声哼起歌来，它们仍然心无旁骛。大约过了一个多小时，它们才集体心满意足地蹦跳着离开了我的视线，我也才恋恋不舍地回了住处。第二天，在去火车站的路上，我看到路边一个卖鞋的商店门口挂着一个鸟笼。鸟笼不大，只有 40 厘米左右高，里面直径也大概只有 30 厘米左右长。一只小乌鸫呆呆地站在唯一的一根横杠上，半眯着眼睛。它是那样的百无聊赖，那样的毫无希望，头顶的羽毛稀稀拉拉，显然营养不良。我也知道我救不了它 —— 它应该已经失去了野外生存能力，这辈子再也离不开"牢狱"生活。我在前一天有多么的喜悦，那一天就感到多么的悲凉。一个可爱的生命永远失去了它应该得到的快乐。

麻雀

—— 不养儿不知父母恩

古往今来，绝大多数人对麻雀的态度几乎都是一样的不屑一顾。人们觉得它们实在太小了，于是有了"麻雀虽小，五脏俱全"；人们觉得它们实在太聒噪，于是形容安静的时候就用"鸦雀无声"；人们觉得它们实在太多了，于是就有了"凤凰何少尔何多"；人们觉得它们没有宏图大志，于是又有了"燕雀安知鸿鹄之志"……总之，针对麻雀的各种充满了鄙夷的成语、谚语还有很多很多。麻雀的存在似乎就是为了衬托别的动物大气、优雅、美丽和稀有。除了鸟类学家和观鸟爱好者，很少有人认真赞美麻雀。

然而作为一个观鸟爱好者，我要开始盛赞麻雀了。

麻雀虽然体型小，好歹也是鸟类，是高等的脊椎动物，当然是五脏俱全的。不但俱全，还有许多哺乳动物不具备的"零件"。比如，突胸总目鸟类的呼吸系统有特有的气囊结构。气囊着生于肺，然后从肺部伸出遍布全身，除了可以参与呼吸之外，里面充盈的气体也使鸟类比看上去体型差不多大的哺乳动物轻许多，给它们的飞行提供了便利。要说小，世界上有很多比麻雀更小的鸟类，比如蜂鸟。最小的成年蜂鸟大概只有成年麻雀的 1/5 大小，照样也是五脏俱全的。我国的古人们没有把它们放到成语里，是因为蜂鸟只分布在美洲，而我国人民直到两百多年前才踏上美洲的土地。至于在我国，其实也有很多比麻雀更小的鸟，比如戴菊和各种柳莺等，它们只有麻雀的一半大。然而拿它们举例实在不是很方便的事。因为虽然戴菊几乎像麻雀一样广泛分布于全国各地，但它们性情羞怯，躲在林中，全不像麻雀那样常见于房前屋后。如果有人说"戴菊虽小，五脏俱全"，一多半的人得先问"戴菊是啥"。看看，这个时

　　　　　　　　　　　　那些我生命中的飞羽

候麻雀数量多、适应性强、胆子大的优势就体现出来了 —— 全国人民都认识，拿它们举例都不需要另外科普。

麻雀是喜欢群居的动物。它们聚众叽叽喳喳是为了和同伴更好地交流。比如哪里的果子或者谷物成熟了，可以一起去聚餐；哪里出了个大沙地，可以一起去洗沙浴等等，算是一种经验交流。而且它们也不是一直都在吵的。在求偶的时候，几只雄鸟会围着一只雌鸟做各种求偶炫耀，比如翘起尾巴，翅膀微垂快速抖动，等等。这个时候它们的叫声是比较悦耳的"啾啾"声，甚至还会有韵律的变化。只有两个或几个雄性互相打架的时候，才是难听的"喳喳"声。等到麻雀开始育雏的时候，它们会非常温柔地低声呼唤自己的孩子和伴侣，也并不吵。在非繁殖期，白天它们通常都是成小群活动，一起找食物，互相放个哨之类的。这个时候的麻雀其实非常安静。除非你特别留意，否则还有可能因为它们的羽色与沙土相近而把这些在地上蹦来蹦去的小东西们忽略掉。虽然现在城市中高楼大厦和柏油路越来越多，裸露出来的土地越来越少，但要发现麻雀并不是什么难事。它们可能就在你前面不远处蹦来蹦去，但你稍微靠近一点，它们就会立刻拍着小翅膀，飞到另一个离你也不太远但你就是无法够到的地方。不浪费太多的体力它们就可以保全自己，人类要想徒手抓到一只健康的成年麻雀可不是什么容易的事儿。

麻雀的叫声真正让人觉得吵的时候是在冬季。每到黄昏，一定范围内的麻雀可能会集中到几棵大树上过夜。它们更喜欢柏树这种有很多细枝又非常紧密、可以提供很好遮蔽的树。这时候如果你路过这些树，十米开外就会听到十分嘈杂的"叽叽喳喳"声，而且经久不息。那几棵树上可能聚集着成百上千只麻雀,这些麻雀可能都沾亲带故,互相打个招呼,说个"你好!""吃了么?"就够从黄昏说到天黑了。当然,这么多的麻雀,出点摩擦也是正常事儿,"往里挪挪""不要挤,不要挤,你踩着我啦""能动手就别动口!"之类的话肯定也有,只是我们听不懂而已。这可不是耸人听闻,只要多看一看麻雀,就会知道它们也是有感情的动物。还记得几年前的一个网络上流传的动图里,两只麻雀在屋檐上打架,旁边一大群麻雀在围观。终于一只把另一只踹下去了,吃瓜群众赶紧齐刷刷蹦到屋檐旁,跟胜利者一起往下看落败者,那个样子让人想起各种街头纠纷,想起网络互撕,想起搏击运动……

人们看麻雀总活动于房前屋后而并不会飞得太高太远,就以为它们不如天鹅和鸿雁那般志存高远。其实鸿鹄却未必有燕雀之能。作为典型的杂食动物,麻雀无论在哪儿都可以找到食物,且它们既可以忍受北方的严寒,又可以忍受南方的高温,所以在全国各地都是留鸟。而鸿(雁)鹄(天鹅)等雁形目鸟类,虽然翅膀有力,耐久力好,能飞很高很远,但是夏天要在相对凉爽的北方繁殖,冬天越冬又大多只在稍微温暖的长江流域附近,不肯再往南飞。鸿鹄日常的取食和活动也十分依赖大面积水域,无法像麻雀一样洒脱自如。迁徙耗费大量体力,以及对环境温度等外在条件的要求太过苛刻使候鸟一年大多只能繁殖一次。而只要食物足够丰富,留鸟却可能会一年繁殖多次。这也是麻雀、斑鸠等鸟类的野外种群数量远超天鹅鸿雁等候鸟的原因之一。其实飞得高或者远都只是人类才会有的志向,对于野生动物来说,这些都只是它们实现志向的策略而已。那么野生动物的志向是什么呢?就是让自己好好活下去,同时

那些我生命中的飞羽

让自己的基因能够顺利地传递和扩散下去。可以说，燕雀和鸿鹄的志向，本来就是统一的。

说到生存策略，麻雀无疑是非常成功的伴人野生动物。绝大多数野生动物十分依赖其原始的自然栖息地，随着人类活动的不断扩张，它们的栖息地日渐缩减，生存压力不断放大，种群也迅速萎缩。麻雀等少数几种动物却很好地适应了人类的城市和乡村。对麻雀来说，从城市里人们随手扔掉的垃圾里翻找食物，或者到农田里面"打个劫"，比在荒无人烟的地方寻找果实、谷物和昆虫等食物更有效率。它们本来就懒得筑巢，而是依靠岩壁土墙等地方上的孔洞缝隙来繁育后代。人类的建筑物上总有很多更适合它们筑巢的孔洞和缝隙，比如油烟机出风管，空调管线孔，没有封好的空调外机箱，甚至变电箱都有可能成为它们的安乐窝。当然，如果实在找不到合适的地方，它们也可能会利用其他鸟的弃巢，甚至可能去抢燕子刚刚筑好的泥巢。它们会找一些细软的枯草，在选好的巢址里垫出一个蓬松的软垫，把小小的卵产在上面。麻雀通常一次产四到八枚，然后就开始雌雄轮流孵卵。它们的卵也很有意思，什么颜色都有，有浅浅的青白色的，也有褐色的，不过都带有斑点。但不管是什么颜色的卵，孵出来的小麻雀都是肉粉色。

麻雀也是一种晚成鸟，刚孵出来的时候，不能站，不能看，不能自主调节体温，甚至不能自主排便。要靠双亲来喂养三天左右，它们才会睁开眼睛，一周左右才能勉强站立，这期间它们身上基本都是灰白色绒羽，到两三周之后才能全部换上我们常见的那种深浅棕色相间、带着些许深灰色的正羽。一个月左右小麻雀才能正式离巢，跟着父母在原巢附近活动。

麻雀 —— 不养儿不知父母恩

捡到的一只行动能力欠佳的小麻雀

一年之后，它们也会开始自己的爱情故事。

　　麻雀曾经因为数量多以及到秋收的时候可能来抢食谷物而被农民讨厌，甚至曾经被我国列为"四害"而遭到大肆屠戮。但是人们很快就发现自己大错特错。在麻雀被消灭了多达九成的第二年，全国各地爆发严重的虫灾，导致农作物大规模减产，由此造成的损失比以往麻雀造成的那点儿损失多出许多。鸟类学家经过更系统的研究之后，发现麻雀的食物主要还是虫子，尤其在繁殖期，麻雀幼鸟几乎只吃虫子，它们无疑是控制虫害的利器。所以人们赶快就把麻雀从"四害"里挪了出来加以保护。幸亏麻雀的繁殖比较高效，在几年的时间里，便基本恢复了原本的种群数量，我们才不至于悔之晚矣。也是从那个时候起，生态平衡的概念渐渐开始为人们所了解。

　　　　　　　　　　　　　　　　　那些我生命中的飞羽

小时候，我听很多人说过麻雀有多么的不好养，只要被人抓到就会绝食而死，从不屈服。长大之后，我才知道这是由于严重的应激导致的。不过，我也知道了并不是所有的麻雀都会绝食而死。这些年，每年夏天我都会因为各种机缘巧合而得到一些麻雀的雏鸟或者幼鸟。有学生在路上捡到的孤零零一小只，也有学校办公楼拆洗空调外挂机的时候拆出来的一窝……总之，每年夏天，就是我给各种雏幼鸟当干妈的时候。它们中绝大多数都活了下来，最终被成功放飞，其中就包括很多小麻雀。都说"不养儿不知父母恩"，虽然说照顾小动物远不如照顾人类的孩子辛苦，但是真要保证它们健健康康地长大，并且学会独立生活也不是件容易的事情。

　　因为麻雀的繁殖有早有晚，所以被送到我手上的小麻雀年龄并不完全一致 —— 可能在同一时间有刚出壳的雏鸟，也有正羽已经生长的幼鸟，它们需要的营养比例、喂食频率和方法就不完全一样。两周以内的雏鸟所吃的几乎全部都是动物蛋白，这个时候只能尽量多找些虫子来喂它，而且虫子的种类不能过于单一。面包虫是很容易在市场上买到的，但如果偷懒只喂这种虫，小麻雀很快就会开始营养不良，骨骼和羽毛都不能正常生长，出现羽毛褴褛和佝偻病的症状。因为面包虫里含有太多的磷和脂肪，会影响蛋白质和钙的吸收。如果发现及时的话，尽快注射维生素 D_2 钙可以补救，但是超过三周龄的可能就来不及了。为了避免我救助的麻雀出现这种情况，我不但要买面包虫，还要利用一些时间到花园里拍苍蝇、捉尺蠖、挖蛴螬、翻蟋蟀来给它们改善伙食。对于这么小的雏鸟来说，白天有自然光的时候，每 20 分钟左右就要喂一次。当然，不需

麻雀 —— 不养儿不知父母恩

我救助的麻雀幼鸟

已经可以放飞的麻雀幼鸟

要特意定时，因为差不多20分钟左右，它们就会张嘴"啾啾"地叫着来乞食了。这个年龄的麻雀对于阳光的要求并不高，所以安置在室内就好。

因为我家里还养了几只猫，所以当我照顾小鸟的时候一般会找一个整理箱，里面垫上厚厚软软的毛巾，在箱壁上扎几个通气孔，用来安置它们。每次只在喂食期间打开箱子，喂食之后就把箱子盖好。而三周左右大的麻雀就会自己吃东西了。只要我把虫子、画眉鸟粮或者小鸡饲料、加了钙粉和维生素的谷物（比如小米）以及清水放在它面前，它就会开始自行取食。这个时候它开始需要照一些阳光了，我会准备另一个更大的整理箱，在顶盖和两侧壁上切出一些1~1.5厘米宽、5~10厘米长的长孔。再在外面固定一层纱窗网，然后在箱子里面距离底面至少3厘米的地方横着固定一些小树枝。树枝的粗细，以麻雀自然抓握时第三趾和大趾可以包住树枝横截面周长的2/3左右为佳。因为这个时候的麻雀已经可以自己跳上跳下了。

清晨和黄昏阳光不太强烈的时候，我会把这个箱子搬到室外可以晒到阳光的地方让它们晒晒太阳，但是仍然要用假的花枝树叶在箱子顶部营造出一个能透过阳光的树荫的环境。等到它们再大一点，我会在天气晴好的时候带着它们到附近的沙坑里洗沙浴。麻雀洗沙浴似乎是一种本能。一只从雏鸟期由人带大的小麻雀，第一次接触那些干燥的细沙时就知道怎样在里面扑腾、摩擦和享受。而且它们往往十分地流连忘返，常常需要我拿虫子勾引才会跟我回去。当然在洗沙浴的过程中，它们也会跑到附近的草丛里面，自己尝试着抓虫子或者啄食草籽。如果附近没有流浪猫，我就会站得更远一些，这时候往往有附近的野生麻雀过来打招呼。而麻雀对同类的亲近感似乎也是天生的，它们很快就混在一起在被蹭得更松散的沙坑里扑腾起来，发出满足的"叽叽喳喳"声。等到它们尽兴的时候，野生麻雀一哄而散，我家的娃娃们也跃跃欲试。但它们的翅膀强度还不够，只能低空飞出一小段。然而麻雀的发育速度是非常快的，这样的情况持续不到一周，它们就能跟上附近小群体的速度和高度。这个时候它们已经不再需要我的照顾，虽然它们不像纯野生的麻雀那样怕我，但也不复之前那种我一呼唤它们就赶紧扑过来撒娇的亲密。它们不再需要我了。

每当看到我亲手照顾大的麻雀可以成功融入集体，我就有一种"儿子拿了博士学位"般的欣慰感。那之后，我便不再故意去区分哪只是我"儿子"，而只是在每次看到麻雀灵巧的身影时，小声叨叨几句老母亲可能会跟儿子说的话。

想一想吧，越来越多的人选择到城市里生活，而城市里的野生动物本来就少，要是耳边再不能传来几声麻雀的絮语声，要是看不见它们飞来蹦去的忙碌身影，那是多么令人烦躁的乏味生活。

戴胜

—— 再臭也得救啊

在新浪微博上关注过@博物杂志 的人，恐怕都知道博物君有三个"亲儿子"：戴胜、夹竹桃天蛾和白额巨蟹蛛。为什么这么说呢？因为这三种动物被网友拿出来艾特博物君问的频率最高，尤其是戴胜。每天跟戴胜有关的问题博物君要回答几百次，到最后他终于忍不住完全拒绝回答任何有关戴胜的问题了。

博物君还特意写了一篇《为什么我拒绝回答关于戴胜的问题》的长微博，感兴趣的朋友可以去他微博翻一翻。关于它们为什么叫戴胜，博物君的科普文章里也详细地介绍过 —— 就是因为它们的羽冠像是古代妇女戴着胜的样子。《山海经》中对西王母的记载便是"蓬发戴胜"，从此，"戴胜"二字和这种鸟几乎就只会代指西王母。汉代的钱币上也专门用两个胜的形象来代表西王母，取其吉祥之意。戴胜还是以色列的国鸟，在以色列的典籍中，戴胜的羽冠是所罗门王赐予的，据传戴胜还曾经帮助所罗门王收服了示巴女王，让其举国改信基督教。

经常会有人拿戴胜的图片问博物君或者我："这是不是啄木鸟？"其实也难怪大家这么问，戴胜翅膀上黑白相间的条纹还真的有一点点像啄木鸟。但是除却这个部分的特点，它们那橙黄色的头颈、长而弯的喙还有头顶那可以随时开合的冠羽都是啄木鸟所没有的。戴胜跟啄木鸟一样也喜欢住在树洞里，只不过它们不擅长自己制造树洞。不过还好，它们并没有过于执着于树洞，找不到树洞的时候，它们也会在建筑物的孔洞之中筑巢。民间经常把戴胜叫作"臭姑姑"，国外也经常认为它们是不洁之鸟，除了因为它们可能会选择暴露出来的棺材筑巢之外，还因为它们会故意用粪便、尸体还有别的什么腐臭的东西，把自己和巢里都搞

那些我生命中的飞羽

得异常恶臭，我们讨厌这些恶臭，其他动物也不想靠近。所以这种恶臭其实就是戴胜保护自己和宝宝们的"生化武器"啦。

唐代诗人王建的这首《戴胜词》，可以说把戴胜的形貌和行为描绘得淋漓尽致了：

> 戴胜谁与尔为名，木中作窠墙上鸣。
>
> 声声催我急种谷，人家向田不归宿。
>
> 紫冠采采褐羽斑，衔得蜻蜓飞过屋。
>
> 可怜白鹭满绿池，不如戴胜知天时。

其实也难怪每天有那么多人问博物君戴胜是什么，因为它们的分布非常广泛，几乎是全国性分布，而且它们也非常适应城市的环境。但是它们又不像麻雀或者喜鹊那么常见，也就是说任何人都有机会看到它们，但是任何人又可能一直都没有注意过它们。

我单位旁边是北师大的一小块试验田，那里面还有一块地，地里都是杂草。这个小院子里光是喜鹊就有几十只，麻雀有成百上千只，但是我隔三差五能看到的戴胜就那么两只。在我早上上班或者晚上下班的时候，比较容易看到它们在地上翻找虫子的身影。这里的戴胜对我还是比较警觉的，只允许我在离它们 10 米开外的地方静静地看一看 —— 大概因为我并没有和它们俩直接打过交道。不过其他地方的戴胜我倒是救过很多只 —— 大概是因为它们更喜欢在地面附近活动，而且飞行能力不太好，特别容易撞到捕鸟网上。即使没有捕鸟网，它们也特别容易撞到树上或者墙上。

我曾在圆明园的湖里捞出来过一只戴胜。不知是受了什么惊吓还是单纯地因为自己飞行能力差，我眼睁睁地看着它从我前方五六米的地方忽高忽低地飞过，一头撞在了荷叶上又被荷叶弹进了水里，当场便忍俊不禁。周围的游人并没有注意到这个"事故"，所以他们也不能理解我为什么突然一边笑得像精神病患者一样，一边又像要寻短见一样往湖里冲去，好几个人还发出了尖叫。在我捞出一只湿淋淋的戴胜的时候，所有人都是一脸"原来如此"的表情。有个外国妹子还过来，用相当不错的中文问我它怎么样，要不要帮忙。我说它只是湿透了，但因为鸟类的羽毛多少有些防水能力，即使不是水禽张开翅膀也可以漂一会儿，我捞它的时候它的头在水面以上，应该没呛水，只要等它晾干应该就没事了。外国妹子听说它没事，开心地继续赏风景去了。而我赶紧找了个椅子坐下，把它放在腿上，用纸巾尽量把它羽毛擦干，再拿一张纸巾把它头部遮住。整个过程中它一动不动。很快，它身上的羽毛就被夏日的微风吹干了，我便找了个离水远一点的地方把它放了。

这些年我巡山拆网救下来的戴胜估计得有两三百只了，它们无一例外都很倔强，而且的确都很臭。每次救到戴胜，我都不得不隔两天就换一个救助箱，以至于经常要像收废品的一样，满小区找人家不用的纸箱子。一旦被救助，戴胜们就会拒绝吃东西，哪怕我几乎从不在它们面前出现。所以如果真的救到了戴胜就得忍着恶臭，每天挨个儿拿出来填食、喂水，一不小心就会被这帮家伙甩一身屎。但凡我救的戴胜都没有什么严重的伤病，基本上我能当场放就当场放了。盘算下来，只有那么十几只戴胜是真的受伤很严重需要人长期照顾的。

有一只戴胜飞的时候不小心撞到了墙，把自己的下喙给撞断了。不过万幸的是断的只是角质部分，没有伤到下喙的骨骼。然而要等它重新长出一个完整的喙来，起码还要两三个月。于是这两个多月之中，我就每天早晚都得把它捉出来，撬开嘴往里面塞虫子。塞满了虫子，再给它推一管生理盐水或者凉白开。而它完全是一副不合作的态度，见到我就开始张开羽冠瞎蹦，但是一旦被我抓住之后就是呆若木鸡的样子，也不挣扎，也不咬我，却也绝不张嘴配合吃东西。两个多月之后，好不容易到了可以放飞的时候，我家阳台上已经臭得基本上不能待人了。幸好后来北京市成立了野生动物救护中心，再救到戴胜我可以愉快地把它送到救护中心去，不用再自己照顾了。

珠颈斑鸠

—— 瞎凑合界的冠军

诗经里那句"关关雎鸠,在河之洲,窈窕淑女,君子好逑"美得几乎尽人皆知。小时候我曾经认为"雎鸠"指的就是斑鸠。很久之后,在我读大学的时候才知道,原来雎鸠指的是鱼鹰。同时我还知道了鸠占鹊巢里的鸠也不是斑鸠,而是指红隼、红脚隼之类的小型猛禽。好吧,其实我应该早些想到的 —— 斑鸠那点儿战斗力,用现在的网络用语说就是"战五渣",怎么可能从恶霸喜鹊那里抢出巢来?

对于这种矮墩墩的成天只知道"咕咕咕"的小短腿儿,人们也给它们赋予过很多美好的象征意义。比如说斑鸠的"鸠"音同"久",所以在一些民间传说中,斑鸠就是象征爱情长长久久的鸟。还有很多的民间传说认为斑鸠经常在哪里出没哪里就是吉祥的地方。不过,按照这个逻辑来讲,斑鸠所携带的"吉祥能量"似乎要小于喜鹊 —— 毕竟喜鹊只要随便出现一下,叫那么两声就算是给人带来了喜讯,而斑鸠则需要长时间地待在一个地方才能给那个地方带来福运。当然,这只是笑谈,毕竟我们的爱情也好,学业、事业也好,还是应该靠我们自己努力经营才能收获令人满意的结果,否则再大的好运也不过是被白白浪费掉而已。

我们单位后面的那个小林子里始终会有至少一对珠颈斑鸠繁殖。从四月开始一直到九月,隔段日子就能听到它们咕咕的求偶声,如果愿意静心观察的话,还能看到雄斑鸠不停向雌斑鸠点头做出求偶炫耀,甚至还能看到一些少儿不宜的镜头。它们经常是一起吃点东西,然后跳一段舞,再去吃点东西,再跳一段舞。中间穿插着赶一赶竞争对手之类的小活动。盯着它们看上一下午也不会觉得无聊。

上小学的时候,我总跟母亲去她单位玩。有个看机房的伯伯总想要教我下象棋。我当时正是上房揭瓦的年纪，哪里坐得住啊。于是伯伯就给我讲很多故事试图让我静下心来听他讲棋，而我呢，相当地没心没肺，只有听故事的时候比较认真，听棋招的时候立刻就神游太虚了。一来二去，象棋没学会，故事倒是听了不少，尤其是楚汉相争的故事，什么萧何月下追韩信啦，什么项庄舞剑意在沛公啦，这些故事从史书上都有迹可循。当然还有一些听起来不那么靠谱，连野史都算不上，用现在的话说顶多算是同人，但我还是听得津津有味。其中有一个故事便是关于斑鸠的。据说有一次刘邦战败，被项羽大军追赶，情急之下跳进了一口枯井里。这时候，井台上突然飞来两只斑鸠。项羽看了之后，认为有斑鸠的地方肯定没有人，查也没查就撤军了，刘邦也因此侥幸得活。后来刘邦做了大汉天子，封斑鸠为吉鸟，下令全国人民不许抓斑鸠。怎么样？这个故事是不是听起来有点耳熟？对，这根本就是努尔哈赤被乌鸦救的那个翻版。我呢，自然是要刨根问底一下，然而伯伯也说不清到底是哪一场战役里刘邦这么幸运，反正让我记得斑鸠是象征吉祥的鸟就行了。其实当时我就觉得此类故事里面都是有漏洞的 —— 按常理来讲，乌鸦也好，斑鸠也好，大老远看见一个人，基本上都会被惊飞，又怎么可能在千军万马的呼啸声中镇定自若？反正如果我是追兵，看到这么多人马走过来，斑鸠还在井台上站着，肯定会觉得其中必有蹊跷，特意跑过去围观一下的可能性反而更高。当然从我个人角度讲，我不是追兵也可能过去围观一下，毕竟人都靠这么近了还不飞，那两只斑鸠可能是因为受伤或者生病飞不了了，需要救助，以我的医疗技术正好可以帮它们一下。当然啦，我知道创作这些传说的人给动物们安排的诸多不合常理的行为，是为了说明故事里的主角们封王称帝是多么顺天理合人心的事情。只是不管是编故事还是讲故事的人都带着一种"我怎么说你就怎么听，请像故事里的追兵一样，不带脑子和常识地去看待这件事情"的态度。这种把别人当白痴的态度让我十分不爽，所以那之后每次听到类似的忽悠人的故事，我总是忍不住想吐槽一下。

虽然斑鸠并不会心大到面对千军万马还行动如常，但是它们在另一方面的确是可以称为心大到极点的鸟类，甚至这种心大已经可以称作是它们的物种天赋——这个方面就是营巢。其实说这个"营"字我都觉得有点亏心，斑鸠营巢十分随便，如果要给鸟巢的精致度、营巢所付出的精力、时间和技术难度排一个榜单的话，斑鸠类的巢在"瞎凑合榜"里也是可以稳入前五的。我大致总结了一下，它们的营巢原则就是：蛋不滚就行了。至于巢址，重要吗？这些年网络上出现的一些鸟类干的一系列奇葩事情，珠颈斑鸠乱下蛋可以占比 50% 以上。

我有一个朋友，新浪微博 ID 是 @超级何某某。他家的窗台上就有一对珠颈斑鸠常驻繁殖。最初他把这对珠颈斑鸠和它们的卵拍下来发到网上，问："这是什么？"我回答："这是珠颈斑鸠，三有动物，主要吃谷物，繁殖季节也吃虫。在房屋的一些突出的平台上筑巢是非常正常的现象，可以不用干预。另外老话说斑鸠带喜能带来好运。"他就欢天喜地地收留了这对邻居，甚至隔三差五还给它们带点吃的。可能他家附近的猛禽等天敌也比较少，这对无忧无虑的珠颈斑鸠从此就打开了新世界的大门，开始了没完没了的繁殖。不到两年的时间，小两口已经繁殖九窝了。

当然要论巢址，窗台这种地方对珠颈斑鸠来说已经是最平常的地方了。它们还曾经在别人空调外机和墙壁之间那一点点缝隙里筑巢；在放得过密的晾衣架上筑巢，或者在别人晾出去许久没有收的裤子里筑巢；直接在别人自行车的车筐里筑巢；在别人的花盆里蹭一蹭，一边住着，一边还把人家的花给吃了；甚至有一只斑鸠在土耳其一位市长的办公室里的打印机上筑了巢，搞得那位市长每天上班的时候都要小心翼翼的，打印机也没办法用了，真不知道谁才是那个办公室的主人。

珠颈斑鸠在美国的亲戚 —— 哀鸽，也喜欢干类似的事情。曾经有一只哀鸽在警车前车窗上筑了巢，有爱的警察怕它们被日晒雨淋，还特意给它们加装了一把小伞。

前面说了，斑鸠筑巢的宗旨就是"蛋不滚就行"。它们不仅在选择巢址时随心所欲、乱七八糟，搭巢技术更是一塌糊涂。要是有哪对斑鸠巢里的树枝能搭出一个完整的圆形，那都已经算是精工细作了。更多的时候，它们随便找个地方，交叉铺几根小树枝，这个巢就算完成了。所以我们经常能看到斑鸠的雏鸟惊险地待在一些似乎随时可能把它们漏下去的乱树棍儿中。有人曾经问我："它们这豆腐渣工程，不怕孩子掉下去吗？"我除了"呵呵"，真的无法回答别的。掉下去了？掉下去了就再生一个呗。斑鸠完全是食物链底端物种，似乎所有体型稍大的掠食动物都可以欺负斑鸠。猛禽自不必说，喜鹊、乌鸦甚至啄木鸟都可能吃掉斑鸠的蛋或幼鸟。对于即使成年了也几乎毫无反抗能力的斑鸠来说，它们维持自己种群稳定的方法就是不停地生、生、生。一年多生几窝，每窝两个娃，总有那么几个后代是可以幸存下来的。这几乎也是所有处于食物链底端的动物的繁殖策略。

当然，随着人们生态保护和动物保护意识的逐渐提高，虽然斑鸠有的时候可能已经放弃了自己的后代，但是我们却经常想要救它们一命。由于它们离人们如此地近，且生的多掉的也多，所以每年被捡到送到我这儿来的坠巢斑鸠幼鸟也很多。

斑鸠幼鸟本来对巢形巢材就非常不挑剔，基本上网上买一个鸽子用的碗巢，甚至直接就买一个大一点的盆，里面垫上点毛巾就可以搞定一切了。不要小瞧这几层毛巾，它们可以最大程度避免雏鸟的下肢因为长期站在坚硬的平面上而畸形。

接下来最重要的就是要解决它们的食物问题。斑鸠和鸽子一样，在野外自然育雏的时候，亲鸟会将各种植物种子吞到胃里消化成糊状，再混合一些嗉囊腺分泌出来的蛋白质，形成鸽乳，一起吐给雏鸟吃。但我没有嗉囊，更分泌不出鸽乳，所以我只好用猫奶粉加杂粮糊糊，再加一些维生素和消化酶兑在一起来喂它们。虽然斑鸠在野外是以各种作物种子为主食的，但它们也可以吃一些虫子，尤其在繁殖期的时候，因此我也会捉或者买一些虫子来喂它们。需要小心的是不要喂太多的面包虫还有豆类，以及大米。这些东西几乎可以在一两天内让斑鸠雏鸟迅速进入钙磷比失调的状态，进而诱发佝偻病和低钙血症，想再治疗就很难了。我一般选择的都是玉米、小米。这样等到小斑鸠可以自己站立、自主取食的时候，就可以让它们在院子里自由活动了。我通常会在院子里放一盘杂粮，这样会有各种成年的斑鸠过来，斑鸠幼鸟就有了向成年个体学习的机会。斑鸠对于同类还是非常友好的，只有繁殖期的时候，雄性斑

一只被流浪猫袭击的斑鸠幼鸟，被好心人捡到送到北京猛禽救助中心。我们发现它腹部和右腿大部分皮肤破损，对它进行了急救及清创、缝合、包扎处理。后转移至北京野生动物救护中心安置。

鸠之间可能会多有敌意，但也不过就是互相虚张声势地驱赶一下，很少有你死我活的争斗。所以其实它们也很乐意和我养大的小斑鸠甚至是麻雀等其他鸟儿一起分享那些食物。

我救助过的小斑鸠成年之后并没有一直留在我放飞它们的地方，而是四散东西，不知所终了，希望它们都能过得很好。

　　　　　　　　　　　　　　　　那些我生命中的飞羽

黑枕黄鹂

—— 始知锁向金笼听，不及林间自在啼

"两个黄鹂鸣翠柳，一行白鹭上青天。"诗圣杜甫的这首《绝句》几乎是除了《咏鹅》之外我们最早接触的咏诵动物的唐诗了，我在上小学前就能倒背如流。正是那时候，我从《儿童唐诗三百首》的插画里认识了黄鹂——我国最常见的黑枕黄鹂。

　　黑枕黄鹂是雀形目黄鹂科的鸟类，它们有着非常鲜明的外形特征：全身羽毛的主要颜色是金黄色的，只有眼斑和翅膀外端有一些黑色的羽毛。黑枕黄鹂在我国的分布非常广泛，但它们并不常见，主要是因为它们的性情太过羞怯，并不像麻雀和喜鹊一样可以在离人很近的地方出没。我们通常发现附近有黄鹂存在时都是先闻其声，要找很长时间才能见其身。可见，哪怕它们有着鲜明的黄色，也可以把自己隐藏得很好。

　　黑枕黄鹂在我国是夏候鸟，它们主要在我国中部和北部繁殖，到了寒冷的冬天，它们会迁徙到我国南方甚至东南亚去越冬。

　　北方的黑枕黄鹂并不多，但在树林茂密的地方还是可以发现它们的踪影。我们单位旁边的院子里几乎每年都会有一两只黑枕黄鹂过来求偶歌唱。每年春天，我都会带着点希冀，希望听到那独特的悠扬而婉转的鸣声。

　　黑枕黄鹂的巢倒不像喜鹊或者乌鸦那样有很多树枝，而是几乎全部用细草编织而成，像一个吊篮的结构，挂在离树干比较远的枝杈上，这样它们可以得到树叶更好的掩护。孵卵的工作主要由雌性来承担，但是等小宝宝们出壳以后，夫妻俩就会开始轮流来给孩子们喂食。黑枕黄鹂的雏鸟也是晚成性的，它们刚出壳的时候是那种粉粉的、肉肉的颜色，身上光秃秃的，没有任何羽毛，眼睛也还没有睁开，父母会一直照顾到它们离巢为止。

黑枕黄鹂是杂食性鸟类，不过它们不管是繁殖期还是非繁殖期都特别喜欢吃虫子，尤其是松毛虫、尺蠖等等，对维持林木健康贡献很大，也是典型的林业益鸟。只是因为它们长得太漂亮，叫声也很婉转，曾经一度成为非常流行的笼养鸟，被关在一个个狭窄的笼子里，里面大概只提供了一点点食物和水，以及一根光秃秃的栖杠。没有鸟语花香，没有同类，它们会唱着动听的歌，但是永远也找不到自己心爱的姑娘。在这些鸣禽并不能实现人工繁育，而需要大量从野外捕捉的时候，笼养行为本身虽然不会立刻造成鸟类死亡，却会严重干扰它们的繁殖，对鸟类的野外种群造成伤害。这几乎是所有笼养鸣禽的悲剧。

　　黑枕黄鹂也是我们去花鸟市场做调查的时候经常可以救下来的鸟种之一。但是这几年我们救回来的黑枕黄鹂越来越少了，这不是因为不法分子越来越少了，而是因为黑枕黄鹂的野外种群可能越来越少了，就连我们单位院子里的那对黑枕黄鹂也已经有两三年没有再出现了，我想它们可能已经凶多吉少。其实不只是黑枕黄鹂，这些年，除了极度适应人类城市环境的喜鹊、乌鸦、麻雀，还有那些被举国之力保护得非常好的明星物种，比如朱鹮，其他的野生动物种群都在下降。

　　偏偏很多人就是不明白"始知锁向金笼听，不及林间自在啼"，一定要把本该自由生活的野生动物困死在自己家里的方寸之地，他们才觉得有成就感。更可怕的是有很多人口口声声说自己爱动物，然而他们爱动物的方式就是毁了它们的一生。在我看来，他们那种做法不叫爱动物，他们只是爱自己拥有珍禽异兽的感觉，只是单纯的占有欲罢了，或许还有那么一些虚荣心作祟。因为常逛花鸟市场，我见了太多提笼架鸟的大爷们吹嘘起自己养的动物多么地稀罕值钱的时候是怎样一副嘴脸，也见了太多那些没养好的，或者按照他们话来说"品相不好"的动物又是怎样凄凉的下场。

有一次我去曾经的官园花鸟市场给我当时正救治的灰喜鹊和戴胜买虫。比较相熟的那家店在胡同的最里边，之所以经常在他家买，是因为那位店主除了文鸟、虎皮鹦鹉等这些合法且有大量人工种群的鸟类之外，并不会经营其他涉嫌违法的野生动物，所以我对他家也非常有好感。我提了虫子往外走，发现来时的路被人流堵住了，没办法只好选另一条岔路。结果刚一拐弯就看见地上有一只奄奄一息的黑枕黄鹂。它周身羽毛凌乱，后脑还秃了一小块儿，看起来就是被旁边一家店扔出来的。那家店经常会打打法律的擦边球，卖零星的"三有"动物，还有些涉保的鹦鹉之类，有时候也会卖一些一看就是走私过来的动物。我曾经举报过他们几次，但因为他每次涉案的动物数量都不多，所以顶多就是罚款而已。我指着地上的黄鹂问那个老板是怎么回事，他说拿过来就不行了，可能是因为天热。我说："那您这是打算就让它自生自灭呗。"他笑了笑，没吭声。我半开玩笑地说："你要是已经扔了的话，我可就拿走了。"他盯了我一会儿说："反正一会儿就死了，你是要喂猫吗？我经常看你买猫粮。"我皮笑肉不笑地笑了一下，也不想多搭理他，赶紧托着黄鹂，打了辆车就往单位赶。我感觉这只可怜的黄鹂并不是得了什么烈性传染病，而应该是由于不当运输导致了严重脱水。每年在盗猎、不当运输和贩卖过程中，因为应激或脱水而死亡的野生动物不知凡几。从大学起，我就经常跟这些事情打交道，对于动物的状态我已经可以做一个比较靠谱的判定。

我们单位有氧气机还有补液用的生理盐水，要把一个严重脱水的鸟类救活也不是没有可能。

幸好那天并不堵车，官园花鸟市场离我们单位也不算太远，路上大概只用了十分钟时间。我风风火火跑进了治疗室，手忙脚乱一通操作，结果把同事吓了一跳，以为是我哪儿受伤了呢。等我把小黄鹂的头塞到氧气机的面罩里，又给它皮下注射完生理盐水之后，才得空跟同事解释这件事情，他也表示理解。然而我能做的操作也只有这么多，之后能不能挺过来就全看它自己了。它或许是太虚弱了，在那之后的一个多小时里一动不动地闭着眼睛，连呼吸都很微弱。而因为它的气管开口太过狭窄，我们并没有那么细的气管插管，所以想用氧气机给它做一个心肺复苏都不可能。要不是我隔三差五拿听诊器能听到它的心跳，我真的一度怀疑它已经去了。我坐在手术床旁边陪着它，才有时间更加细致地看清它。其实它还是个孩子，脸上的黑斑颜色还很浅，身上的黄色也没有那么浓。兴许是刚刚出窝就被抓到了吧。要是不被抓，它可能还会和父母在一起生活一段时间，学会怎么捉虫，学会怎么找可口的果子，学会怎么跟同类打交道，然后到明年这个时间，它也会站在枝头，唱婉转而嘹亮的歌。

我虽然一直在脑补它的鸟生，但并没有忘了时刻监测它的生理指征。在这个过程中，它心率减缓变弱过。万幸，我特别有先见之明地准备了一针阿托品，没有一点耽误地给它注射了进去。又过了半个小时，我突然发现它的翅膀开始抖了，瘫软的小爪子也有想要抓握的趋势。那一瞬间，我几乎有点喜极而泣了。我连忙又把听诊器贴在它的背上，可以清晰地听出它的心跳快而有力。这次它是真的死里逃生了。等它彻底清醒过来，我又给它口服了一片复合维生素 B，顺带还灌了几滴生理盐水，然后才把它放在一个纸盒子里带回家。

当时我家还有别的鸟，基本上已经没有可以给它住的大箱子了，但也因为它十分虚弱，暂时不需要特别大的空间，所以我又找了一条厚毛巾把那个纸盒垫得软软的让它睡在里面。纸盒的四壁已经被我扎了通气口，这样盖上盖子之后，里面就是一个黑暗、安静和通风的环境，特别有利于像它这样虚弱的野生鸟类康复。因为它刚刚经历过中暑脱水，体温调节能力还不强，所以我并没有把它放在相对比较热的阳台里，而是放在了室内。平常都不舍得开空调的我那天特意把空调定在 28℃吹了一整夜。第二天早上一起床，我就迫不及待地打开盒子，看到它精神的小眼睛好奇地瞪着我，然后又歪着头看了看我，突然大嘴一张，发出一声长长的听起来像"咦~"的叫声。得，这还饿了。幸好我手边什么鸟粮都有，赶紧捏起两条小虫子塞进它嘴里，而它一点都不客气地开始从我手上抢食。

其实它早就已经过了容易形成印痕行为的年龄，但万一产生习惯化行为，还是有可能导致它以后野放失败。而我救动物的目的就是为了让它们最终能够回归野外，所以哪怕我当时觉得它的样子再萌再可爱也不会放任自己和它产生过多的交流。在试过它可以自己吃盒子里的虫子和鸟粮的时候，我除了每天帮它把铺在盒子里的报纸换一下之外，就连喂食都不让它看到我的脸。我把它住的纸箱有网的那一面微微朝向灰喜鹊的"病房"，虽然并不是同类，好歹也是它以后在野外能经常见到的邻居，多见见灰喜鹊也是没有什么坏处的。

那些我生命中的飞羽

就这样过了两个多星期，在我确认它的状况一切都好了的时候，我特意租了个车，把它带到了怀柔，找了个山多林密还有水源的地方放了。它飞得很顺利，打开纸盒之后几乎是腾地蹿了出来，然后头也不回地飞走了。

　　在这一只小黄鹂身上，或许这算是一个比较完满的故事。然而做我们这行时间越久越知道：获救的那些永远只是少数，一只一只地救助，终究是杯水车薪。如果人们对于野生动物资源继续不加节制地攫取，总有一天，它们会彻底消失在我们的世界中。

啄木鸟

—— 不想当医生的吃货不是好建筑师

之前看过一个很有哲理的故事，说是有一个母亲带着她的女儿经过一个工地，指着工地上一个脏兮兮的工人对孩子说："你要好好学习哦，不然你以后长大了就只能做这种工作。"这时候那位工人站起来，对着这位女士说："我其实是一个有高等学历和专业医学背景的人，而且我在战争中做过随队军医，挽救了很多人的生命。我现在之所以做建筑工人，是因为我喜欢做这种工作。任何人都是平等的，工作没有高低贵贱之分，请不要教孩子以貌取人。"故事中这位先生说的话我深以为然，没错，任何人都是平等的，我们必须要学会尊重别人。不过在我听这个故事的时候，还想起了另外一个有趣的地方，就是你不知道哪位"医生"突然哪天就变成了"建筑工人"，或者哪位"建筑工人"就有行医执照。没错，接下来我要说的就是可以随时改变身份的啄木鸟。

小时候我们都听说过啄木鸟是森林的医生，因为它们可以啄开树皮，把藏在树木里面的虫子用细细的舌头钩出来吃掉。由于具有独特的生理结构，啄木鸟可以连续高强度地啄击树木，而不会使自己脑震荡。这种取食方式也使它们占据了独特的生态位，在控制天牛、小蠹虫等喜欢在树上钻洞的林业害虫方面，啄木鸟居功至伟。它们啄树的动作就像是在给树开刀做手术一样，说它们是森林医生是不为过的。

不过，显然大家很少了解到，这些森林医生也有"收取天价诊疗费"的时候。曾经有人观察到一只啄木鸟像疯了一样，为了找到树干里的虫子，几乎将树干的 1/3 都给啄掉了。就算最后虫子都被它吃干净，那棵树也被它折腾个半死。其实这些森林医生也不是只吃虫子。冬天的时候，一些啄木鸟仍然在北方过冬，这个时候它们很难找到虫子吃，就会转而吃一些草籽。另外还有一些啄木鸟，它们天生就更喜欢吃植物。可能很多人都记得有那么一张网络图片，图中树干上被啄出了密密麻麻的坑，每个坑里都塞着一个橡果，密集恐惧症的人看了之后恐怕会哭出来 —— 这就是橡树啄木鸟干的。橡树啄木鸟也是一种画风清奇的鸟，它们虽然也会吃虫子，但是显然，橡子等坚果更受它们的青睐，而它们成小群活动，甚至会合作储存橡子。这种啄木鸟主要分布在美洲，在中国是见不到的。而我国常见的几种啄木鸟，倒的确是符合大家普遍认知中喜欢吃虫子的那一类。

啄木鸟啄树不只是为了找虫子吃，还可能是为了给自己营造一个温馨的家。几乎所有的啄木鸟都是在树洞里繁殖的，它们会选木质相对疏松的树来营巢。有研究显示，啄木鸟更喜欢那些曾经被真菌感染过而坏死的部位啄洞。如果这个部位上方有一些突起，或者是刚好有一些粗树枝来遮雨就更好了。当然，如果它们是为了营巢，那么这个洞口就不会像之前找虫子的时候那样肆无忌惮地大。毕竟生儿育女，安全是第一位的，洞口太大的话，天敌也就可以钻进去吃它们的孩子。

其他的鸟类只有繁殖期的时候会在巢中，非繁殖期的时候大多都是随处安身的，啄木鸟却与众不同。它们甚至懂得狡兔三窟的道理，会故布迷魂阵。在繁殖期，或每年入冬之前，它们会啄出很多个树洞来，但一般只有一个是真正用来繁殖的，另外几个都是它们用来躲避天敌或者日常小憩用的。

除少数种类外，大多数啄木鸟都是各地典型的留鸟，而且它们的活动范围其实也并不大。在非繁殖季节，它们的领地意识并不强，对于同类有非常高的容忍度，尤其是在食物充足的时候。因此，我们经常能看到十几、二十几只啄木鸟在一个非常小的区域内同时出没。在欧洲，人们还目睹过五六十只大斑啄木鸟同时出现在一小片林地里。

啄木鸟啄出来的洞不管是不是真的用来育雏，其大小规格都差不多。经常有其他的洞巢鸟类利用啄木鸟的巢繁殖。虽然它们用的大多数是啄木鸟的弃巢，但是也保不齐有那么一两个脸皮厚的，直接跟啄木鸟打起来，抢走它们刚刚弄好还没来得及享用的新巢。这个厚脸皮小分队的成员还真不少，小型的猫头鹰还有戴胜都干过这些强盗行径。啄木鸟虽然啄树是一把好手，但是在跟其他鸟类的争斗中却时常败下阵来。又或者它们其实是大度相让，甘心当免费的建筑工人。我不能说它们是房地产商，因为它们从来没有在这中间赚过一条虫的好处。它们这不停造房子的行为，实在是方便了森林中的很多其他鸟类。

几年前，我亲眼目睹了一只大斑啄木鸟从喜鹊的口中惊险逃生。它当时仓皇逃进草丛里，而喜鹊因为我的出现放弃了这顿美餐。我当时心怀不忍，把还在挣扎、不停滴着血的啄木鸟捡了起来。它的整个左翅上面有令人触目惊心的伤口，喜鹊那锋利的喙在它的左翅翼膜上撕出了两个洞。但万幸的是，翼膜上一些最主要的韧带和血管都没有伤损。我立刻把它带回单位，用醋酸氯己定溶液冲洗了伤口，又用无菌生理盐水冲洗了一遍，然后给它的伤口进行了初步缝合和无菌包扎。当时，北京野生动物救护中心比较忙，他们表示暂时没有时间来接这只啄木鸟，而作为多年的合作单位，他们也十分信任我们照顾动物的能力，请我们暂时照顾它一周。

这只啄木鸟非常坚强，即使带着那么严重的伤口，仍然可以自主进食。每天喂给它的面包虫和尺蠖都被它吃得干干净净。当然，我们也给它提供了止痛药和消炎药。因为伤口处理比较及时，一周的时间里，它翼膜上的伤口就好了大半，但是因为伤口处理之前要把周围的羽毛拔掉，所以它的左翅变成了光秃秃的样子。随后它被接到了北京野生动物救护中心养伤，后来在那里被放归了野外。像这种随遇而安的鸟，应该也不会飞回原来的地方。我想它现在应该也在顺义的某个小树林里面，自在地吃着虫子。朋友的救助中心经常也能救到啄木鸟。据说他们那儿的成年啄木鸟会隔着笼子喂跟自己毫无血缘关系的啄木鸟幼鸟，可以说是非常博爱的小鸟了。

当然，我们单位附近也有很多啄木鸟出没。这些有行医执照的"建筑工人"们其实个个都是好奇宝宝，但又很害羞。在我坐在院子里看书的时候，它们喜欢偷偷摸摸地飞到我旁边的树上，用强有力的尾巴支撑在树干上，两趾前两趾后的爪子为它们在垂直面上攀爬纵跃提供了便利条件。它们在树干上螺旋上移，时不时地就从树干或树枝后面探出小脑袋看我一眼，而我一般只是用余光瞟它们一下，然后不动声色地继续看书。有时候，它们会凑得非常近，近到足以发现我的脸虽然朝着书但眼睛是斜瞟着它们的。这时候它们就会立刻扑棱着小翅膀，划着那独特的波浪形飞行轨迹逃之夭夭，飞到离我稍远一些的树上去，然后继续从树枝后面探出小脑袋看着我。还有些时候，我其实并没有发现它们，而是它们啄树干时那一连串的"咚咚"声让我能够大致判断出它们的位置。

说到啄树，前几年北京师范大学的校园里有一只啄木鸟，也不知道是哪个认知环节出了错误，它不去找树干，而是逮着空调外机的管线拼

啄木鸟 —— 不想当医生的吃货不是好建筑师

命啄，发出的是急促的"噗噗噗"的声音。而那个办公室也不得不在两年的时间里不停地更换空调管线。当然也只有那两年，后来就没那个声音也看不到它啄管线的身影了。我不知道那只啄木鸟后来怎样了，也许是被喜鹊、猛禽或者流浪猫袭击了，但我其实更希望它是突然醒悟自己是啄木鸟，不是啄管线鸟，回去干正事了。

　　　　　　　　　　　　　　　　那些我生命中的飞羽

雕鸮

—— 爱不是占有，是给它自由

鸮，古字为"枭"，指的就是猫头鹰。

在夏商时期，华夏人民对猫头鹰的印象还是很好的。妇好墓中出土的青铜鸮卣、鸮尊，证明了古人曾经对猫头鹰的崇拜。可是到了春秋末期，不知为何人们又开始给鸮冠上了各种骂名，认为它们是不吉利的鸟，甚至还编排了"鸮一出生就会将自己的亲生母亲吃掉，只剩一个头"的故事。"枭首示众"一词就是这么来的。然而事实上，猫头鹰都是晚成鸟，它们刚出壳的时候，眼不能睁、腿不能站，要依靠父母喂养才能长大，又怎么可能一出壳就将自己的母亲吃掉呢？我们仔细想想都知道这是不可能的事情，然而，猫头鹰不吉利的说法，在我国却一直延续至今。民间仍然流传着诸如"夜猫子进宅，无事不来"之类的说法，以至于在很长一段时间里猫头鹰受到人们的驱赶甚至是捕杀。而民间又讹传吃猫头鹰可以治头风病和疟疾，这个谣言至今仍然在我国南方大部分地区流传，并且还有人深信不疑，以至于至今仍然有很多猫头鹰因此而遭到杀害。其实这个说法没有任何科学依据。猫头鹰自己都经常因为得疟疾而死去，又怎么可能治得了人的疟疾？对于它们能治头风病，那就更是无稽之谈了。古人将慢性头痛统称为头风病，然而其实慢性头痛只是一种症状，它的病因各有不同：可能因为过度疲劳，可能因为精神紧张，甚至可能因为头部肿瘤等等，又怎么能一概而论？更不可能用猫头鹰这一种鸟就能治好。长期以来，我们都在努力试图扭转人们心目中对于猫头鹰的各种误解。这些位于食物链顶端的鸟儿们，在维持生态平衡方面做出了巨大的贡献，它们不应该被人类这样伤害。

然而近些年来，另一个问题出现了。由于系列电影《哈利·波特》

　　　　　　　　　　　　　　　那些我生命中的飞羽

的上映，有很多人开始觉得猫头鹰是可爱的。或许有一些人因此而不再讨厌或者想要伤害猫头鹰，但却还有那么一些人，因为觉得猫头鹰可爱，所以产生了想要养一只猫头鹰的念头。这股风气最开始从欧洲兴起，后来蔓延到日本，紧接着我国的猫头鹰也开始深受其害。其实早在几年前，《哈利·波特》的作者 J. K. 罗琳就已出面道歉，告诉大家猫头鹰是不适合作为宠物的。她为自己的小说和电影使很多的猫头鹰陷入水深火热之中而感到抱歉，并且呼吁大家快停止这样的跟风饲养。然而即使如此，世界上还是已经掀起了一股饲养猫头鹰为异类宠物的风潮。这股风潮在美国基本上得到了遏制，因为在美国将猫头鹰做宠物是严重的违法行为。但是在日本等动物福利或相关法律并不健全的国家，很多其本土甚至国外的猫头鹰被一些商家当成了敛财的工具。他们把各种分布地、种类、大小都不同的猫头鹰用绳子拴在一起，然后让顾客付费来抚摸或者把玩。又或者有一些猫头鹰饲养者会故意惊吓他们养的猫头鹰，然后对它们的应激行为加上些故意曲解的解说词，发到视频网站或者自媒体平台上去博取关注。

想必有相当一部分朋友对于一段日本的视频记忆犹新：人们让一只非洲的白脸角鸮面对不同的其他猫头鹰，以观察它们的反应。在面对和自己体型差不多大的仓鸮的时候，白脸角鸮突然张开了翅膀，做出开屏状，使自己的体积看上去是平常的三倍大；而在面对一只比它大出很多的雕鸮时，白脸角鸮迅速把自己的羽毛收紧，让自己整个看上去变成一根细长的木棍。这个视频刚出的时候，我还特意科普过两种都是白脸角鸮的应激反应。长期的应激会容易使动物虚弱，进而罹患各种疾病甚至死亡。像日本人这种经常故意惊吓猫头鹰看其应激状态取乐的行为，其实是非常残忍的。在自媒体平台上，我经常会做出这样的解释。有些朋友在听了我的解释之后，慢慢了解了那些看上去很萌的视频背后的真相，开始和我一起抵制这样的视频。但还有一些人，他们坚持认为自己觉得萌就够了，至于真相还有猫头鹰的死活则不在他们的考虑范围之内。更有些人因为看到了视频里面猫头鹰的各种反应觉得很可爱，而萌生了自己去养一只的念头，并且还真的付诸实施。其实在我国，所有猫头鹰都是国家二级保护动物，未经林业部门许可，严禁捕捉、买卖和饲养。但是，只要营销号不停地炒作，无知者就会跟风，就会有人知法犯法。加上不法分子想要铤而走险狠赚一笔，在背后不停煽风点火，导致近几年为了供应异宠市场而对猫头鹰进行的盗猎愈演愈烈。雕鸮作为我国分布最广、最为常见、体型也大的猫头鹰，在这场浩劫中首当其冲。近几年我国已经发生过好几起盗猎和非法运输几十甚至上百只雕鸮幼鸟的案件。

"4月23日上午，京沪高速公路青县段，高速交警对一辆北京至福建的长途客车进行例行检查时，发现车上装载着很多用编织袋罩着的塑料箱，打开编织袋后，眼前的一幕让在场的人都惊呆了，原来车上装的是32只国家二级保护动物雕鸮的幼崽。民警立即将客车扣留至服务区内，并及时通知了当地林业部门。"这是2014年4月份河北新闻网上的一段话。当时，这些被查扣的雕鸮幼鸟全部被送往沧州市野生动物救护中心收容安置。因为沧州市野生动物救护中心的负责人孟德荣老师是我的好朋友，所以我也从北京赶过去帮了点忙。当时还有另外一位在上海的朋友，听到这些小宝宝的食物还没有着落，硬是要我帮他给孟老师带一些捐款过去。这件事情现在想来仍然觉得很温暖。

沧州市野生动物救护中心位于沧州师范学院院内，倒也不难找。我一下车就马不停蹄地赶了过去。我到的时候孟老师正在给小宝宝们准备食物，食物是加了维生素的大白鼠。我帮孟老师把宝宝们挨个儿带出来称重、体检、补液，并且给每个宝宝的脚上戴了环志用的脚环以作区分。当时孟老师的救助中心里面还有好几只大麻鳽、一只大鵟、一只凤头蜂鹰，我也挨个儿都喂过。中午大家在沧州师范学院的食堂里吃了顿饭，稍微休息了一下，到了下午又要开始新一轮的喂食。宝宝们还在长身体的时候，一定不能饿着，而且它们需要少食多餐。总之，我们尽量模仿它们的父母在野外时可以提供给它们的营养还有喂食频率。

喂完食，宝宝们三个一群五个一伙地缩在笼舍里。那里笼舍的设计虽然也有一些缺陷，但总体来说，给这些宝宝们还是够用的。笼舍的地面是天然的泥土和草地，中间有一个水盆，可以让宝宝们去喝水、洗澡。笼舍周围是软网搭建的，软网外面种植了一圈人工绿篱，可以最大程度地阻隔视线，让宝宝们在里面不会特别紧张。孟老师告诉我，过几天等宝宝们再长大一些需要飞行的时候，他会在笼舍里增加一些比较高的栖架。

第二天，因为我自己单位还有工作要做，便别过了孟老师，乘上回北京的长途客车。但是我心里一直惦记着那些宝宝们，后来听到沧州的热心市民们纷纷为它们慷慨解囊，真是让我又感动又欣慰。再后来，听说有几个在运输过程中被闷得太久的宝宝还是没有挺过来。7月份的时候，剩下的 26 只已经完全长大的雕鸮，被孟老师他们放飞了。

其实放飞也不是简单的事情，毕竟雕鸮是大型猛禽，每一只都需要很大的领地，所以 26 只肯定不能放在一起，孟老师他们选择了许多个放飞地点进行了分批放飞。

这一次的放飞还有很多波折。当时我和另外一位自发做野生动物贸易调查的朋友一起卧底在好几个鹰猎群里，沧州这件事情鹰猎者也很感兴趣。他们甚至在群里讨论到我们放飞地点附近等着，我们一放飞他们就下手去抓那些刚到野外还不太适应环境的雕鸮宝宝，而且他们甚至还商量着假装志愿者混到孟老师那里把雕鸮宝宝们骗走。我们马上把这个消息反馈给了孟老师，请他多加小心，并且尽量不要把放飞地点公布出去。孟老师也感到非常震惊和愤怒，其实我们一开始也都没有想到，人心竟然可以肮脏到这个样子。

我自己单位也救助过不少的雕鸮。有的因为被人类长期非法饲养而产生了严重的印痕行为，它们对人类过分亲近，却对自己的同类十分抵触，甚至会产生攻击行为。像这样的鸟是不能被放飞的。还有一些因为冬天找食物困难，不得已跑到村子里面偷鸡偷鸭而被养殖户扣住。不同的养殖户对待它们的态度是不同的。其实这几年我们可以显著感觉到，养殖户们对于雕鸮的宽容和爱护正随着生态保护意识的加强而逐年提升。

还记得十年前我刚工作的时候，有一次接到昌平一位群众的电话，说他家邻居院子里有一只猫头鹰需要救助。等我们赶过去才知道，原来他邻居有一个养鸡场，而那只雕鸮是在偷鸡之后，被困在鸡棚里的。我们过去跟那位养鸡场主人交涉，他一脸不耐烦地让我们赶紧赔钱，不然领不走这只雕鸮。我们告诉他这是国家二级保护动物，他无权扣留，但是如果雕鸮已经对他的财产造成了损害，他可以保留证据，然后向当地林业局申请赔偿。如果我们给他钱，就变成了双方买卖国家重点保护野生动物，这同样也是一种违法行为。他犹豫半天才同意把雕鸮交给我们。而就在我们去抱那只雕鸮的时候，却发现它的姿态怪异，拨开它腹部的绒羽，我们看见它的右腿上有一个触目惊心的巨大贯穿伤。细问之下才知道这个伤口就是那位养鸡场主人拿一个铁钩穿的。见我们面有怒色，他居然还大言不惭地说："这玩意儿吃了我好几只鸡，我没杀了它就已经不错了，你们还想指望我不打它。"后来我们才知道，如果不是之前给我们打电话的那位先生极力阻拦，并且威胁着要报警，这只雕鸮可能早就被养鸡场的主人杀了吃掉了。感谢过真正的救助人，我们怀着满腹的愤怒和痛心把受伤严重的雕鸮带回了单位。经过检查发现，因为天气寒冷，它右腿伤口周围的软组织都已经坏死，一部分胫腓骨骨膜也有感染的趋势。我们用了整整一个月的时间才控制住感染，后来那只雕鸮被放飞已经是第二年春天了。那一年，因此受伤甚至殒命的雕鸮有好几只。

当然，有恶意就有善意。同样还是昌平，另一户养鸡场的主人在发现偷鸡被困的雕鸮后，就开始好吃好喝地伺候。因为那个时候北京猛禽救助中心刚成立，知名度不高，养鸡场主人也不知道该联系谁，就在自己家鸡棚旁边养了那雕鸮一个月，每天提供半只鸡，偶尔还会给些羊腿。等他终于辗转得知北京猛禽救助中心的电话而取得联系的时候，那只正常体重本该在2.5千克左右的雕鸮因为每天吃太多又缺乏运动，已经长到了将近5千克，为了给它减肥我们又是费了好一番功夫。

大约四五年前，那个时候我们去养殖户家里去接偷鸡偷鸭的雕鸮的时候，便已发现养殖户很少伤害雕鸮了，顶多会在我们临走之前叮嘱让我们放飞的时候，千万不要再把雕鸮放到他们家附近。

最近一两年，出现了养殖户不但不会责怪雕鸮，还会给它们"打包"的情况。前年，我在网上认识了一个养殖户，从他的微博里可以看到，每年冬天都会有雕鸮去他们家偷鸡，到后来，苍鹰、大鵟也都去凑热闹。而他从来也不伤害这些猛禽，反而会留几只鸡任它们吃。搞得那些猛禽都快把他们家当成食堂了。还有两个救助人，他们养了一些观赏鸽或者赛鸽，可以说每只鸽子都价值不菲。但是当有雕鸮闯进鸽笼吃鸽子之后，他们不但没有伤害雕鸮，还把那些已经被杀死或者吓死的鸽子留给它吃。有一位救助人载我去接雕鸮的时候跟我说，之所以联系救助中心，是因为知道这是国家二级保护动物，他们留着养不合适，而且怕它是因为体力不行才去偷鸽子的，所以应该需要救助。还说，如果这雕鸮有需要，他一天供应一只鸽子都愿意。听到这样的话，我们怎么能不感动不开心呢？

每一只来到救助中心的雕鸮，不管是成年还是幼年，我们都会下意识地把它当成一个孩子去呵护。这些家伙虽然块头很大，却是"嘴炮党"。它们很容易应激，然而应激之后的表现，却可以说是典型的"光打雷不下雨"。它们可能会瞪大眼睛、全身僵直，也可能会突然展开翅膀，把自己的体型变得有原来三倍那么大，然后在地上晃来晃去，一边眨巴着眼睛，一边叩击着上下喙发出"嘎嘣嘎嘣"的敲击声，一边像猫一样发出"哈～～哈～～"的气音来吓唬人，但是也仅止于吓唬，它们并不会有实际的攻击行为，又或者有一些无意识的试探性攻击行为，然而成功率极低。而当康复师已经把它们抱在怀里的时候，它们会睁开那巨大的橙黄色的眼睛，同时微张嘴巴，一副"刁民为何要害朕？"的表情看着我们。

通常这个时候，康复师会立刻找一个东西把它的眼睛盖住来减轻应激。但是很多时候，比方说口腔取样、头部数据测量、五官检查或者填食喂药的时候，我们还是必须要撤掉那些覆盖物。每到这个时候，大家仿佛能听到雕鸮在喊："来人啊！快救驾！刁民又强迫朕吃奇怪的东西了！"当然脑补归脑补，做完了基础操作之后，我们必须尽快地把它们放回笼舍里，然后远离它们。我们当然也觉得它们萌，觉得它们可爱，但是作为野生动物救助人员，我们的职责是让它们成功回到野外，所以并不希望被救助动物和我们之间产生任何感情。我们爱它们的方式是想让它们可以活得更好，而不是把它们强留在身边满足自己的占有欲。

纵纹腹小鸮

—— 智慧友爱的 "小胖墩"

纵纹腹小鸮是鸮形目鸱鸮科的小型猛禽，成年之后还没有一个成年人的巴掌大。它们并不像我们一般认为的那种猫头鹰那样长着两个像耳朵或者尖角一样的耳羽簇，而是圆头圆脑。在古希腊的神话中，纵纹腹小鸮是雅典娜的化身。据说每当有大灾难来临前，雅典娜就会变成一只纵纹腹小鸮四处通知大家避难。所以，这种小型猫头鹰在欧洲一直以来都被视为智慧的象征。

纵纹腹小鸮在我国多个地方都是留鸟。它们喜欢在岩壁孔洞、树洞或者建筑物的孔洞里筑巢，每次会产3到5枚卵，最多可以产8枚。雌雄纵纹腹小鸮会轮流孵卵，共同育雏。纵纹腹小鸮有独特的示威动作，它们并不喜欢像其他鸮形目猛禽那样张开翅膀，一边眨眼、一边叩喙，同时还左右晃动。它们喜欢不停地上下蹲起，一般来说还可能会伴有剧烈的抖喉动作。但是这些动作一般只会对其他物种来做，纵纹腹小鸮对同类非常友善是出了名的。

每年，北京的各个救助中心都会救助很多纵纹腹小鸮，尤其是夏天，会有很多的纵纹腹小鸮宝宝坠巢，然后被热心市民发现并送到救助中心。救助中心相当于医院，这些宝宝们即使是十几只甚至二十几只住在一个病房里也完全不会打闹。当我们想进去给它们体检的时候，它们甚至会迅速站在一起，然后由几个比较厉害、比较强壮的在外围负责警戒示威和攻击我们，其余的宝宝们有的紧贴着墙壁，有的深蹲在地上，总之都在尽量地减少自己的存在感。虽然看起来挺厉害，其实还是虚张声势多些。它们实在是很温柔的物种，等我们真的把它们抓在手里之后，它们一般就会停止挣扎和攻击，变成一只呆呆发愣的小猫头鹰球。给纵纹腹小鸮体检通常可以很快完成，它们也真的是我见过的最配合医护人员的"小患者"了。

不只如此，纵纹腹小鸮身上还有很多令我感动的故事。

有一年一个工厂拆迁的时候，从天花板和顶棚的夹层里发现了一窝纵纹腹小鸮，一共有1只成鸟和8只幼鸟。那么大的机器轰鸣和震动，居然没有让这位纵纹腹小鸮母亲放弃自己的孩子。等它们来到救助中心之后，我们给它们挨个儿做了初步检查，发现都没有什么外伤，就让它们继续住在了一起。本来我们是尝试着向屋里投喂一些食物，想看看这只亲鸟会不会仍然继续喂养自己的宝宝，毕竟，它曾面临那么大的变故都仍然坚持着陪在宝宝身边。结果非常令人满意，只要我们把食物扔进去，它就立刻叼起来，带回巢里挨个儿喂自己的孩子们。这样一来我们就不用进行额外的人工喂养，也就更不用担心它们因此而可能产生行为问题。其实8枚卵全部孵出来还全部养大，对于这只纵纹腹小鸮母亲来说这已经是很了不起的事了。后来因为中心又陆续接到了别处送来的纵纹腹小鸮宝宝，于是我们又突发奇想 —— 不知道可不可以让这位英雄母亲带一带别人家的孩子。我们趁着体检刚结束的时候，就把新来的那几只纵纹腹小鸮宝宝也塞到了它们这一家的箱子里。结果再一次令人惊喜，这位纵纹腹小鸮母亲似乎是来者不拒的。我们对它不由得产生了深深的敬意和感激。那年夏天结束的时候，这位英雄母亲一共带大了包括自己孩子在内的18只纵纹腹小鸮，而这些在中心长大的孩子最后全部通过了放飞测试，成功被放飞了野外。

而另一只纵纹腹小鸮，我们从它身上感受到了生命的顽强。它是因为撞击事故来到救助中心的,来的时候嘴里还有血。到达中心的第二天,它就出现了因为颅内出血导致的严重神经症状——它的头一直是歪向一边的,没办法正过来。但即使如此,它每天还是可以颤颤巍巍地自己吃东西,一点都不用人操心。我们每隔一天就会把它带出来,帮它按摩脖子两边的肌肉,又特意在它的食物里加了很多可以滋养神经的药。而它也不负众望,每天都有一点点新的起色,虽然十分缓慢,但总是让我们看到了希望。一个半月之后,它已经可以把头正过来,但是飞的时候还是有点歪歪斜斜的。我们给了它一个房间,让它慢慢适应飞行,而它再一次不负众望地飞得越来越好。最后从小房间换到大房间,又从大房间换到室外最长的飞行笼,它用自己的行动一次一次向我们证明我们的努力没有白费。

放飞纵纹腹小鸮不用特别严格地选在夜里,黄昏的时候也是可以的,因此我还有幸看到过它们飞走的英姿。别看它们看起来胖,飞起来可一点都不慢,那动作甚至可以说是轻捷迅猛。不过它们和其他猫头鹰一样并不适合长距离飞行,往往飞出去几十米,就会找个大树或者建筑物歇脚,胆大的会回头看看我,甚至会做出威吓动作,胆小的则会躲进树叶间,再也难觅踪迹。

长耳鸮

——何日君再来

长耳鸮是一种中小型的鸮形目猛禽。它们只比鸽子略大一点而已，头顶有着两个长长的耳羽簇，那其实是它们的眉毛，却经常被误认为是它们的耳朵。它们真正的耳孔藏在面盘下面，如果我们轻轻地翻开面盘的羽毛，就会发现那两个几乎和脸一样长的耳孔。猫头鹰的耳孔通常都不是对称的，一般是一大一小、一上一下、一前一后地长在颅骨上，为的是利用声音到达两个耳孔的时间不同，而对发声源 —— 通常是猎物或是天敌 —— 做出精准的定位。

　　猫头鹰是可以在几乎无光的条件下光凭听觉捕猎的，所以对它们来说，耳朵远比眼睛重要。但它们的视力并不差，它们的眼球很大，里面的视杆细胞比视锥细胞要多出很多，便于在夜间微光环境下视物，这一点有点类似于猫。但是因为眼球已经塞满了眼眶，并且缺乏足够的肌肉去牵引它们，所以猫头鹰是不会转动眼珠的。但它们有其他的方法来弥补这一不足，那就是它们那格外灵活的脖子。猫头鹰的脖子有14节颈椎骨，而哺乳动物只有7节，所以当我们看到一只猫头鹰把头180度向后转的时候，其实一点都不用惊讶，它们还可以再转90度。

　　长耳鸮在北京是冬候鸟，每年九、十月份，它们纷纷从更北的地方迁到北京越冬，第二年春天三、四月份再迁回北方繁殖。它们喜欢待在大树上，尤其喜欢松树和柏树。以前在北京最容易看到长耳鸮的地方就是天坛公园。因为从前天坛公园南神厨里面有很多冬眠的蝙蝠，而这些蝙蝠正好是迁居至此的长耳鸮的口粮之一。七八年前冬天去天坛公园的话，只要在松树下面找到它们吐出来的食丸，抬头细看肯定能在附近的几棵松树上找到眯着眼的长耳鸮。幸运的时候，一棵树上能发现二十几

　　　　　　　　　　　　　　　那些我生命中的飞羽

只。据说有的人曾经一天之内在天坛公园看到了一百多只长耳鸮，真是令人羡慕。后来南神厨改建，蝙蝠绝迹，而天坛公园里面也开始涌入了各种唱歌、跳广场舞、甩鞭子、玩杂技的人们，整个环境变得异常嘈杂。长耳鸮因此越来越少，2017年我们再去天坛公园的时候居然一只长耳鸮都没找到。

当然，也不是说长耳鸮自此就在北京绝迹了，我们在别处还是看到过它们的踪迹的。因为人类的不断活动和扩张而导致一种野生动物彻底退出天坛公园，想想还是让人觉得难过。

在我救过的所有猫头鹰里面，长耳鸮可以说是出了名的脾气暴躁。和虽然会生气但是因为体型太小攻击了之后也造不成任何伤害的红角鸮比，长耳鸮有足够的力量对人造成伤害，它们那又尖又长的爪子可以轻易抓穿我们作为防护具的手套。但如果我们戴太厚的手套，在把持它们的时候又可能不太方便，甚至可能会因为感知不那么灵敏而误伤它们。这实在是让人纠结的一件事情。最后我们还是选择宁可让自己受伤，也要保护它们周全。

说到为了救长耳鸮而受伤，恐怕我父亲比我更有体会。几年前我父亲跑到黑龙江玩的时候，在一个林场外围捡到了一只翅膀骨折的长耳鸮。因为之前有过救助天鹅的经验，他很快就给它做了一个初步处理，带出了林子想要找寻当地林业局做救助。然而打了好几个电话之后，得知当地林业局并没有设立救助中心，也就是说根本就没有办法给这只骨折的猛禽做治疗。闻此消息，父亲觉得挺沮丧。我家那边倒是有救助中心，但是带回我家需要跨省，运输这种国家二级保护动物需要先取得林业局许可，所以他当时就赶紧跑到林业局开许可证。结果没想到黑龙江开这种许可证要一个星期。因为怕耽误它的治疗，父亲只好在当地找了一个给家禽治病的畜牧兽医中心给它做了简单的固定，拿了绷带和消炎药。而畜牧中心也表示不能收留这只长耳鸮，所以父亲只好把它带到他当时住的一个小旅馆。在等许可证的一个星期里，我父亲几乎每天都要在它连挠带咬的情况下给它换绷带喂药。尽管他在我的建议下戴了手套，但手上仍然被抓出了好多个小洞。

　　一个星期以后，批文总算是下来了，父亲连夜把长耳鸮带回了我们省。但是到救助中心以后，发现它的翅膀虽然没有感染，但因为没有得到及时的矫正，骨骼已经异位愈合了，也就是说它永远也不能回到大自然了。救助中心表示会好好地安置它，给它养老，但是我父亲心里还是充满了遗憾。在听我说天坛公园的长耳鸮再也没有回来之后，父亲就更加地难过。有太多的事情让我们感觉到自己是那么的无能为力，可是让我们不去关注这些动物又几乎是不可能的。生活不是只有美好，大自然更不是。总有人，要背负着一些沉重的东西走下去吧。

　　　　　　　　那些我生命中的飞羽

草鸮

——会飞的"猴子"

草鸮是鸮形目草鸮科的猛禽。它们还有一个俗称叫"猴面鹰"，意思就是说它们的脸长得像猴子，但是在我看来，它们的脸其实更像一个苹果的纵切面。草鸮的头部很大，但腿却生得细长，虽然长得有些滑稽，但是它们和其他猛禽一样有着锋利的钩形爪子和喙。虽然正面看上去感觉它们的喙很小，但其实草鸮的嘴裂非常大，所以它们可以张开大嘴一口吞下几乎和它们的脸等宽的老鼠。

草鸮主要分布在我国南方，是典型的夜行性猛禽。草鸮喜欢直接营巢于草丛间，它们将一小片草踩平就直接当巢产卵了，很少额外去收集巢材来布置自己的家。草鸮是属于比较高产的猛禽，一次甚至最多可以产十枚卵，但因为它们毕竟是食物链顶端物种，主要以小型鸟类、小型哺乳动物、两栖爬行动物和一些昆虫为食，要把这十个孩子都照顾大，不是一件容易的事情。一般情况下每次繁殖能够成功离巢的幼鸟大概只有四五只。当然，如果遇上食物非常丰富的时候，也极有可能顺利把孩子们全部养大。有时候草鸮也可以一年繁殖两次。

我有一个朋友家住在广西，她暑假回农村的外婆家玩的时候，在自家废置的鸡窝里发现了一窝草鸮，当时草鸮妈妈带着四个宝宝，宝宝们的正羽都长得很长了，显然已经在那里定居了很久。因为那附近也并不是荒无人烟的地方，经常有村民来来往往，朋友为了保护草鸮，又在废鸡窝外面围了一圈栅栏，只自己隔三差五过去看看。每次她去看时，草鸮全家都会不停地发出"嘶～嘶～"的威吓声，同时晃来晃去想把她吓走。然而也只是吓吓人而已，并没有实质性的攻击。后来据说它们全家顺利离巢。朋友表示很开心，期望第二年草鸮还会再回去繁殖。然而第二年她换了工作，没时间再回去看草鸮了，后来再说起还是唏嘘不已。

长江以北并不是草鸮的自然分布地，然而我还真的在北方跟草鸮打过几次交道。当然这几件事都跟盗猎以及非法运输相关。

一次是在北京的十里河花鸟市场。当时我有一个朋友住在十里河附近，她说她每次路过那里的时候都能看到有一家店里面时常会出现猛禽，她不能准确地辨识物种，于是就让我去看。我去的时候发现她说的那家店的确有卖猛禽——靠窗户那里放着一个架子，架子上面用绳子拴着一只雀鹰。那时候虽然很生气，但我还是不动声色地进去问那个老板价钱，老板说那只800块，然后我又装作什么都不懂继续套话问他："外面的那只不好看，还有没有可爱的？"那个老板就一脸神秘兮兮地跟我说："你别说还真有好的。"一边说一边往后走，随后看他从后面提了一个笼子出来，里面是两只草鸮宝宝。两个宝宝都是那种绒羽刚刚褪去、正羽刚露了一点的年纪，大概只有两周大。我问他那两只大概多少钱，他说："这两只其实不值钱，是别人捎带着弄来的，如果要的话两只500。"末了他还说出了更过分的话——他说这东西，养得活就养，养不了就杀了炖了吃，听说很补。我当时真的气炸了，走出他的店，出门就给森林公安打了电话。森林公安来了之后，把三只猛禽还有他店里那些其他非法售卖的"三有"鸟类都罚没走了，当然，人也给带走了。后来听朋友说，那个人也的确一年多都没有再回来开店。想想也是，非法买卖三只国家二级重点保护鸟类，还有那么多"三有"鸟类，离重大刑事案件也就不远了。在证据确凿的情况下，判个三年五年，都是合理的。

还有一次是救助人听自己邻居家里不停传来类似于瓦斯泄漏一样的

声音，他怕有危险所以就报了警。结果公安和消防员一起破门而入之后，发现屋里并没有瓦斯泄漏，而阳台上有只傻鸟在那儿不停地发出"嘶～嘶～～"的声音。出警公安表示从来没有见过长得这么奇怪、叫声更加奇怪的小鸟，幸好当时一位一起出警的消防员曾经跟北京猛禽救助中心有过联系，所以立刻联系了救助中心，随后将这只草鸮送了过去。万幸的是，这只草鸮应该并没有被那个人养太久，它的羽毛磨损并不是很严重，鼻子和腕关节上有些撞笼子撞出来的擦伤，但也不是特别严重。北京猛禽救助中心的工作人员给它做了基础的检查治疗，等到它的一切条件都符合放飞标准的时候就将它带到南方放飞了。

那些我生命中的飞羽

红隼

—— 欢迎来做邻居啊

红隼是隼形目隼科的猛禽，也是我国最常见的猛禽之一。它们体型跟鸽子差不多大，体羽的主要颜色是砖红色，成年雌性通体砖红，而雄性的头和尾羽则为灰色。红隼有着乌溜溜的大眼睛，事实上，我国所有的隼形目隼科猛禽虹膜都是近乎黑色的深棕。它们上喙的外缘长着两个像犬齿一样的突起，叫作齿突。猛禽的喙都非常锋利，那是它们捕捉猎物的重要武器之一，和其他猛禽一样，红隼的上喙也是呈 90 度弯下来的，但是跟雕比起来，红隼的喙占整个头部的比例要比较小一些。

红隼有特殊的飞行技巧 —— 悬停。在我国的猛禽之中，只有红隼、毛脚鹭、黑翅鸢和短趾雕等少数几种才会悬停。我们去野外的时候经常可以看到红隼悬停在半空之中俯瞰大地，待发现地面的猎物再疾扑而下。它们主要以鼠类、小型两栖爬行动物、小鸟和昆虫为食。偶尔也能捕捉到斑鸠这种体型和它们差不多大的鸟类。

红隼比其他猛禽更能适应人类的城市环境。老鼠、小鸟、昆虫……红隼的这些食物在城市里也随处可见。在野外，红隼会在崖壁等突出的平台上筑巢，或者干脆去抢喜鹊和乌鸦搭好的巢，而城市里的高楼大厦上面也不乏这样的平台。有得吃有得住，所以红隼在城市里生活得如鱼得水。

关于人和红隼的和谐相处，有一件事情让我感动至今。

这已经是十年以前的事情了，当时有一位吴女士在自己家刚买的房子的空调外挂机位上发现了几枚卵，开始她以为是喜鹊的，等到后来看到亲鸟的时候，才发现这应该是猛禽，于是她就给北京猛禽救助中心打了电话。中心告诉她这是红隼正常的繁殖行为，而且如果红隼成鸟都在的话，那它们会继续孵卵，可以不用干预。那位女士本来是要装修新房的，听到我们这样说之后，她怕装修的声音和走动的工人会影响到红隼的繁殖，干脆停工。这样一来就几乎是将整个房子让给红隼繁殖了。那一年，两只红隼孵出了五个宝宝，并且将它们全部养大。等红隼全部离巢之后，吴女士才开始重新装修。

大概是感觉到她的善意吧，第二年那对红隼夫妇又回到了同样的地方来繁殖。这时候，吴女士一家已经住进去了，并且吴女士还有了宝宝。他们一家看到红隼夫妇回来欣喜若狂，赶紧又打电话通知了北京猛禽救助中心，还给那个位置安装了一个监控摄像头。而那个房间又被腾了出来。这一年正赶上吴女士所住的小区要对所有楼的外墙重新粉刷。在吴女士的极力劝说下，物业决定对那栋楼有红隼育雏的那一面外墙先不动工。于是几乎整个小区的物业和保安都知道了吴女士爱护红隼的义举。这一年，红隼夫妻俩又养育了五个宝宝。有一天，一只小红隼因为淘气自己跳出了巢，结果在楼下的遮雨棚上弹了一下之后，正好落到了巡视的保安面前。保安赶紧把它用帽子兜住，送回了吴女士家。

也是那一年，我们在另外一个地方救助了两只年纪更小的红隼宝宝——大概刚刚出壳不到一个星期，全身的正羽都没有长出来，仍然是满身灰白色的绒羽。而这个时候，吴女士家外面的五只红隼宝宝，其实正羽已经长成，将要离巢了。当时我们觉得两个红隼雏鸟还是应该由它们的同类照顾比较合适，所以突发奇想——是不是可以把这两只小宝宝送到吴女士家外面的红隼巢中，由它们带大呢？当时我们也做了最坏的打算，就是万一那对红隼亲生的宝宝不认这两个小雏鸟，而对它们有一些攻击行为的话，我们必须要赶紧把它们撤出来。我们趁着两只成年红隼出去觅食的时候，把两个小雏鸟放在了一个簸箕上，又把簸箕慢慢伸出窗外，送到外挂机位上。那五个大宝宝看到这两个新朋友之后，开始还感觉有点警觉，然而很快它们就认出了这是同类，非但没有表现出任何的攻击行为，还表现出了极大的善意和好奇。等它们的父母回巢的时候，七个小宝宝已经站在一起了。我想当时那对红隼成鸟的心里也是有点懵的——为什么明明记得孩子们都已经是少年了，怎么突然又有两个变回了婴儿？不过它们还是担负起了喂养这两个婴儿的重任。而本来它们应该在不久之后出现的引导离巢等行为也因为这两个新的小宝宝的出现而延迟了。也就是说，那五个大宝宝因此又获得了额外三个星期的食物。当然，我们也并没有让它们白忙活。去做观测的志愿者每次都会给它们带上一些大蚂蚱或者小老鼠。最后红隼父母加上七个宝宝都安全地顺利离巢。

近几年红隼出现在居民楼空调外挂机位或者阳台上的概率越来越高，网络平台上也会有很多人晒出他们的新邻居。这无疑是一种可喜的现象。

不过我们也见过很多关于红隼的悲惨故事。比如在一个观鸟点看了很久的红隼，说不定哪天再去的时候就发现它已经变成了雕鸮的美餐，只剩下一些零零散散的飞羽，显示它曾经存在过。

红隼虽然是食物链顶端物种，但它个体比较小，也经常成为其他猛禽的食物。曾经有鸟友在密云发现一只毛脚鵟抓到了一只红隼，结果还没等享用，就被一只大鵟和一只猎隼盯上了。三只大型猛禽，一番鏖战之后，大鵟和毛脚鵟各得半只红隼，猎隼无功而返。这就是大自然。

我的朋友蒋冰老师是一位演员。他曾经在拍戏的时候救过一只红隼，用了几天时间辗转联系到了北京猛禽救助中心。在那之后，他就和救助中心结下了不解之缘，我们也因此成了好朋友。这些年光他直接救助的就有一只红隼、两只雕鸮和一只凤头蜂鹰。此外，他还帮很多捡到猛禽的朋友联系救助中心，更努力劝身边的朋友一定不要非法饲养猛禽等异类宠物。我很佩服和感激他，他却把这些当成举手之劳和理所当然。只希望蒋老师这样的人越来越多才好。

鹗

——第一次亲密接触

鹗是鹰形目的一种猛禽，体大而粗壮，背部褐色，腹部白色。

古人对于鹗的情感总是复杂的。《后汉书》中有"鸷鸟累伯，不如一鹗。使衡立朝，必有可观"之句。"鹗荐"一词便语出于此，意在比喻推荐有才能有担当的人。唐代大诗人李白在《望鹦鹉洲怀祢衡》中的"鸷鹗啄孤凤，千春伤我情"用鸷鹗比作小人黄祖，而用孤凤来比作祢衡，在这首诗里，我们看到的是诗人对鹗的厌恶之情。可是同样是大诗人李白，却在另一首古诗《赠宣城赵太守悦》中的"差池宰两邑，鹗立重飞翻"诗句里用鹗来比喻从容不迫、凛然有威的谦谦君子。

关于鹗的典故，在古籍中可以找到很多很多，无论人们对它是褒是贬是喜是恶，有一点是古人公认的，那就是鹗的强悍和凶猛。然而如果不去考虑它们威猛的外形，而对它们的行为多加观察的话，就会发现这个强悍和凶猛，恐怕要打一些折扣。

鹗又叫鱼鹰，顾名思义，以鱼为主食。除了捕鱼，它们几乎很少去抓别的动物。

鹗有着跟其他鹰形目猛禽一样锋利的爪和铁钩一样的喙。有所不同的是，它们双脚的第四趾可以向外翻出，这个特征跟鸮形目猛禽倒有点像。像鹗一样以鱼类为主食的猛禽还有海雕，但是海雕的捕鱼方法通常是站在离水面不太远的地方，发现有鱼游近水面时便迅速扑过去，双爪伸入水中，将鱼抄起后飞走。鹗的捕鱼方法却类似鲣鸟，它们会从空中俯冲下去，全身都冲入水中。鲣鸟在水中只能凭喙去抓鱼，鹗却有另外的利器——它们灵活的双爪。一般鲜少有鱼能逃脱它们的攻击。在水中抓住鱼以后，鹗用翅膀做一个简单的游泳动作，改变方向，然后直接冲出水面扬长而去。在这一点上能和鹗媲美的，大概也只有各种翠鸟和河乌了。像鲣鸟之类的中大型鸟类，在水中抓完鱼之后，往往还需要在水面上停留休息一段时间，才能再从水面上起飞。

我们对比海雕和鹗抓鱼的姿态就会发现，海雕抓鱼是横着抓的，因为海雕的脚趾只能保持三前一后的状态。鹗却可以让鱼头的朝向和自己飞行方向平行，也就是一爪在前、一爪在后地纵向抓鱼，这就得益于我之前说的——它们的第四趾可以向外向后翻，让脚趾变成两前两后的状态。这样无疑可以更大程度地减小阻力——不管是水的阻力还是空气阻力。观鸟爱好者目睹过鹗抓着鱼长距离飞行，看来减小阻力也方便长距离飞行自备干粮。我在北京的百望山上观鸟的时候，有几次看见它们的爪子抓着一条红鲤鱼，那红鲤鱼显然并不是野生的，而应该是附近颐和园或者别的什么地方养的池鱼。

鹗通常会选择在一个大树的主要树杈或干脆在树顶上筑巢，巢非常大。但是也有些时候，它们会像一些鸳或者雕一样选择在崖壁上筑巢。鹗会往巢里放上很多很粗的树枝打底，然后再放一些细树枝，形成一个比较开阔的盘子形状，而不是我们通常认为的碗状，这个树枝做成的庞大"盘子"只是为了保证雏鸟不会掉下去。鹗的巢并不会特意选择十分避风的地方，所以我们偶尔可以看到巢中站着的鹗被一阵大风掀翻摔个大跟头，甚至也有直接被大风吹跑、过一会儿再挣扎着飞回来的情况。饶是如此，鹗仍然对旧巢址保持着极大的眷恋，它们极少会更换巢址。

鹗的翼弓弧度很大，这使它们在飞行的时候远远看上去是个"M"形状，像某著名快餐店的标识。我在观鸟的时候如果发现有鹗飞过，一般都会直接在记录本上写一个 M。虽然分布比较广，但是它们的数量却并不很多。观鸟爱好者经常能看到鹗，但是很少有救助中心救助过它们。这不能不说是一个谜。

而我做了十几年的野生动物救助工作，却只直接救助过一只鹗。救助人发现它的时候，那个倒霉的家伙正漂在水里扑腾，尾羽还缺了几根。我们猜测它可能是被别的什么动物袭击了，虽然侥幸逃出生天，但是却再也没有力气从水里飞起来。若不是被救助人及时发现，还拿了一根竹竿把它捞起来，纵使它羽毛防水功能再好也坚持不了太久。不过万幸的是它的身上只有一些小擦伤，只损失了一些尾羽。

要照顾一只鹗到它能恢复野外活动能力，首先就要满足它对营养的需求。显然，它虽然也可以吃一些老鼠和别的小动物，但它们更爱吃鱼。那段时间买鱼的重任就落在了我的肩上。但像我这样的怂人，平常是不敢买活鱼的。我总是过不了心里那道坎儿。只要那鱼在我手上挣扎一次，我就会心悸好半天。为了让自己好受一点，我只好跑去买刚死不久的鱼。回到救助中心后，我把鱼带到鹗的面前。一开始是直接放在地上，然而过了一天它都没有吃那条鱼。后来我找了一个浅浅的盆，放上水，把鱼放在水里让它漂着，虽然看上去并不像活着一样，但是我想那些水大概能刺激鹗的食欲。果不其然，当天下午，它就从水盆里把那条死鱼拽出来吃了一半儿。从监控上看，它吃鱼的过程十分费力，动作很笨拙。它先是站在水盆的沿儿上，想伸出爪子去够那条漂在水面上的鱼，但是爪子刚往水里一伸鱼就被水波推远了。于是它只好沿着那个水盆的边儿走半圈，走到对面去，再次伸出爪尝试着去抓鱼。就这样走了好几圈才把那条死鱼抓住。虽然它笨拙到简直有点搞笑，但是这无疑大大鼓励了我。从那天开始，我变着法儿地给它买各种不同的鱼，而它对海鱼的兴趣明显高于淡水鱼。

它的擦伤在渐渐痊愈，体重在慢慢回升，而缺失的羽毛也开始慢慢重新长了出来。是的，鸟类的尾羽如果破损或者脱落的话还会再长出来的——前提是它们的羽根没有损伤。

过了一个月，到了该分别的时候。我们把它带到一个水草丰美的保护区放飞。它飞得非常轻快有力，然而刚飞出去不久，就遭遇了一个当地土著苍鹭的驱赶。苍鹭虽然不是猛禽，但它们强有力的长喙也是相当有威胁的。鹗和那只苍鹭对峙了一会儿，两只鸟没有分出胜负，便各自飞走了。我拜托保护区的工作人员帮我留心这只鹗，但因为那之后不久北京就进入了冬天，水面会结冰，到时候鹗应该离开这里，到温暖的南方过冬。第二年，它未必会回到这个地方，所以我们也没有再看到它，只能送上深深的祝福，祝这些外强中干的家伙年年有鱼。

绿孔雀

几乎每个人都认识孔雀，和孔雀有关的图腾、典故、故事、传说也有很多。比如印度的国鸟是孔雀；佛教有孔雀大明王；罗马神话中主神朱诺身边一直有只孔雀，它的眼斑便是朱诺赐予的；《伊索寓言》中有《徒劳的渡鸦》和《孔雀的抱怨》；我国清朝时三品文官补服上就是一只孔雀，而官员头顶那彰显身份的顶戴花翎就是用孔雀的羽毛做的。除此之外，古今中外许多画作和工艺美术作品中也常能见到孔雀的身影。可是大家仔细观察下就会发现：欧洲的画作中几乎所有的孔雀形象都是以蓝孔雀为原型的，我国清代以前的画作里倒是有许多绿孔雀的形象，但到近代却逐渐减少，最后几乎全被蓝孔雀代替。然而其实绿孔雀才是我国原生的孔雀，也是我国体型最大的鸡形目鸟类。

　　蓝孔雀和绿孔雀都是鸡形目雉科孔雀属的大型陆禽，也可以叫走禽。它们曾有着共同的祖先。它们杂食、善走，可短距离飞行。和大多数鸡形目鸟类一样，孔雀也是一夫多妻制。成年雄孔雀在繁殖期会长出绚烂的尾上覆羽，为了吸引雌性注意，它们会将长可达 1~1.2 米的 100 多根尾上覆羽展开，并以 20 根尾羽为依托，不停地抖动，这独特的求偶炫耀行为就是我们说的开屏。而雌孔雀会选择屏开得最大、颜色最绚丽的雄性作为配偶，和它一起繁殖后代。最初，达尔文曾经质疑过孔雀那庞大笨重的尾上覆羽不利于其躲避敌害，并认为这一特征明显违背了自然选择学说。然而研究发现，最漂亮雄性的后代不仅长得更快，且成活率更高。而那些"招摇累赘"的尾上覆羽也会在繁殖期结束时褪去。显然，虽然对动物个体来说每年都有那么几个月风险变大，但从物种繁衍的角度考虑，孔雀的"屏"却是大大有利的存在。

蓝孔雀，又名印度孔雀（*Pavo cristatus*），典型特征是头顶冠羽松散成扇面，体型相对较小。只有雄性会在繁殖期变得华丽夺目，雌性一辈子都是一身朴素的棕灰色。蓝孔雀原产于印度和斯里兰卡，对栖息地并不特别挑剔，在零下30℃至零上45℃都能正常生长。它们胆子大，对人类也并不十分介意，时常出没于村庄附近。公元前2600年左右，印度河文明就制作过带有蓝孔雀纹样的陶壶。公元前950年，犹太船只为所罗门王带去了蓝孔雀，从此，蓝孔雀从印度走向了世界，并因为其绚烂夺目的外观、温和的性格和可媲美家鸡的强大适应性而很快出现在世界各地，所以我们在世界各地的神话传说中几乎都能找到蓝孔雀的身影。时至今日，它们也是低危（LC）物种，不仅在野外活得各种舒心惬意，还有庞大的人工种群。经过饲养者的累代选育，蓝孔雀的人工种群里慢慢出现了纯白、纯黑、黑白相间等等多种羽色，但不管是白孔雀还是黑孔雀，它们的本质都是蓝孔雀。

　　绿孔雀，又名爪哇孔雀（*Pavo muticus*），典型特征是头顶冠羽聚拢成簇。栖息于海拔2500米以下的低山丘陵和河谷地带，包括热带雨林、季节性雨林、竹林、竹木混交林、常绿阔叶林、针阔混交林和稀疏草地等等，是典型的林栖型鸟类。它们比蓝孔雀高大许多，尾上覆羽也更长更艳丽，不仅雄鸟羽色瑰丽，雌鸟也毫不逊色，它们的躯干部分羽色几乎和雄性相同，只是少了一个招摇的"大尾巴"而已。绿孔雀无论雌雄都勇猛好斗，繁殖期内雄鸟间的争斗更往往是以你死我活告终，厉害的雌鸟也可能杀死它不喜欢的其他雌鸟。它们生起气来攻击人类的事也不是没有，那锋利的喙和匕首一样的距，足够让人头破血流。

绿孔雀——只求一立锥之地

绿孔雀有三个亚种，其天然分布区域与蓝孔雀没有重合。其中绿孔雀爪哇亚种（*Pavo muticus muticus*）仅分布于爪哇，在马来西亚半岛已经灭绝，尽管泰国努力挽救，但其在泰国的野外种群可能也已经消失无踪了；绿孔雀印支亚种（*Pavo muticus spicifer*）分布于印度东北部、孟加拉国至缅甸西北部，这个亚种也凶多吉少，数年没有消息；绿孔雀缅甸亚种（*Pavo muticus imperator*）主要分布于缅甸南部、泰国东部、柬埔寨、老挝和越南，向北一直到我国西南地区，唯有这个亚种还剩下些星星之火，据估计全世界仅剩的不到20000只野生成年绿孔雀里，绝大多数都是这个亚种。2009年，IUCN将绿孔雀从易危（VU）提升至濒危（EN）等级，《濒危野生动植物种国际贸易公约》（CITES）也将其列入附录2，限制国际贸易。我国也早已将其列为国家一级重点保护野生动物。或许有人会觉得20000只数量还不少，但是让我们看看旅鸽——旅鸽曾经在北美遮天蔽日，由于它们会吃庄稼，自身又肉质肥美，便遭到了疯狂屠杀。人类最开始杀旅鸽的时候它们的数量约有50亿，人们开始担心旅鸽命运并想要保护它们时，它们的野外种群起码还有30万，在这个时候人们就开始尝试人工繁育了，也不是没成功，然而几代之后就开始出现衰退不育。十几年后，北美野外就几乎看不到旅鸽了。即使美国立法保护旅鸽，也没能完全制止盗猎。1914年最后一只旅鸽"玛莎"在辛辛那提动物园死去，任你捶胸顿足，这个物种再也回不来了。由此看来，不到20000只的野外种群实在不容乐观，如果我们不尽快加大力度保护，十几年后，绿孔雀就可能消失。也可能有人会觉得一个物种消失了没什么，但别忘了渡渡鸟灭绝后大颅榄树也差点跟着灭绝的教训。人类对自然的了解和认识还远未达到可以预见一切后果的程度。而以人类目前的科技水平，毁掉生态环境容易，想重建却比登天还难，是真正意义的比登天还难 —— 我们已经把卫星送到太空，把探测器送到火星，可我们至今没有让任何一种已经灭绝的生物通过生物技术重现世间，更没有一个已经被破坏的生态系统能完全"康复"。而我们更不能忘记的是 —— 保护生态平衡、保护生物多样性最终的目的是保护我们人类自己。

历史上，绿孔雀曾经遍布我国的湖南、湖北、四川、两广和云南。所以在清代以前的画作中，绿孔雀的形象屡见不鲜。然而 20 世纪初，偌大个中国就只剩下云南省中部、西部和南部还有绿孔雀零星分布。1991～1993 年的调查显示，我国云南还有约 800～1100 只绿孔雀。而今，却只剩下不到 500 只，还不到大熊猫野外种群的一半。同样地，我们也不是没想过通过人工繁育的方法来保存基因库并且努力使其种群壮大。1872 年，荷兰动物园曾成功繁育绿孔雀，这是绿孔雀首度在自然分布地以外的地方自然繁殖。可是时至今日，世界各地的优秀动物园、繁育中心里的绿孔雀人工可野放种群加起来也没多少，指望靠它们恢复野外种群可谓杯水车薪。

为什么比蓝孔雀强壮、高大、美丽又能征善战的绿孔雀命运却如此悲惨？

跟蓝孔雀比，绿孔雀的繁殖效率其实并不差多少。但它们敏感、胆小，在它们觉得不安全的地方绝对不会繁殖。

相对于蓝孔雀，绿孔雀需要喝更多的水，所以它们生活的地方必须有河流或小溪，林木不需要特别茂密但是必须有一定的郁闭度，且林下需要生长丰富的草本植物，又不能有太多的灌木，灌木太多会限制它们的活动能力，这样才能保证绿孔雀能找到足够的食物。同样地，有一点风吹草动它们也不敢出来觅食。

随着人类活动的疯狂扩张，例如伐树、垦荒、将物种丰富的原始森林毁掉改种单一的经济林木、过度放牧、建设小水电等等，适合绿孔雀生存的栖息地已经越来越少，且呈碎片化分布。我们的绿孔雀又是如此地胆小多疑，这便意味着一旦碎片化的栖息地之间距离较远，它们就很难迁移，只能守着越来越小的生存空间等死。

找不到食物的绿孔雀可能会来到农田吃农作物，而农民们为了保护作物可能会投毒。即便不是故意投毒，一旦绿孔雀误食了鼠药或吃了被毒死的老鼠导致二次中毒，也是死路一条。它们都是成小群活动的，中毒往往意味着这个小群体全军覆没。

栖息地碎片化也影响了绿孔雀种群的基因多样性 —— 如果长期只能进行近亲通婚，没有新的基因注入，那么这个种群很快将出现基因衰退，征兆就是体弱、免疫力差、不育、畸形以及罹患遗传病比例上升。而这些统统都是加速种群灭绝的辅因。

2007 年，人们还能在云南某自然保护区里听到绿孔雀零星的叫声，可是 2008 年以后，人们在同一片保护区里却再也没听到那特别的低沉鸣唱。我非常尊敬的一位野生动物保护者奚志农老师曾经描述他发现并拍摄绿孔雀的过程。奚老师就是云南人，而且还是一位资深的野生动物摄影师，他走过无数深山险川，拍摄过数不清的珍稀物种。然而即便是他，要寻找绿孔雀都颇费周折，而且费尽千辛万苦，也只拍摄到了一只。

如今，中国最后几百只绿孔雀的栖息地几乎全被压缩在位于红河中上游的嘎洒江、石羊江、礼社江、绿汁江和小江河河谷这一小块区域。因为这里尚分布着保存完好的热带雨林。然而这最后的乐土也已经岌岌可危 —— 一个总装机电量仅 27 万千瓦的水电项目将要在位于该区域下游的红河干流嘎洒江上开工，这点儿装机容量连小浪底电站一个发电机组都比不上，在总发电量早已过剩的云南建这样的水电站可谓多此一举，得不偿失。而一旦它开始蓄水，绿孔雀最后的栖息地将被淹没，中国最后的绿孔雀也将永远消失。

当然有很多学者和国内外的动物保护组织在抗议这个水电项目，并将他们告上了法庭。2018 年 5 月，政府已经介入调查并且责令其停工。绿孔雀的家暂时得以保全，但此前因为非法小水电建设已经被破坏的生境却很难修复，还有那些虽然不如绿孔雀知名但跟绿孔雀一样遭此浩劫并已经灭绝的物种，再也回不来了。

鸳鸯

——鸭子树上住

鸳鸯是雁形目鸭科的鸟类，应该也是我国老百姓最熟知的鸟类之一
——就算没有见过活鸳鸯，肯定也在自己家的被面儿、门帘、电风扇罩
等日常生活用品上看到过它们的形象。当然，因为工艺的不同以及设计
师认知的偏差，很多时候我们看到的是两只公鸳鸯腻在一起卿卿我我的
样子。这也难怪，因为公鸳鸯羽色绚丽，华姿卓然，母鸳鸯却长得比较
朴素，甚至第一次见到它们的人还可能把它们当成两个物种。和鸳鸯一
样雌雄相差巨大的鸟类有很多，比如说蓝孔雀、雉鸡、大鸨等等。不过
世上鲜有鸟类像鸳鸯一样靠名字里的两个字就可以分雌雄 —— 其名字的
"鸳"代表雄性，"鸯"代表雌性。

　　自古以来，我国人民就把鸳鸯作为忠贞爱情的象征。关于鸳鸯的典故、
诗词书画甚至各种器物不知凡几。曾侯乙墓（战国早期曾国国君乙的墓葬）
里就曾经出土过鸳鸯形状的漆盒。而"只羡鸳鸯不羡仙"这句话，更是
历来表达了人们对于美好爱情的期许。

　　鸳鸯在繁殖期间也的确如人们所见的那样如胶似漆。它们是一夫一
妻制的，当确定伴侣关系之后，它们就会整天腻在一起，吃喝同步。如
果雌鸳鸯对于伴侣表示满意，它会首先发起交配邀请 —— 这个时候它会
在水里将头慢慢伸平，而雄鸳鸯就会缓缓绕着它游几圈，当两只鸟都觉
得时机成熟的时候，雄鸳鸯就跳到雌鸳鸯背上进行交配。交配结束之后，
小两口才一起去寻找巢址。鸳鸯喜欢利用树洞来营巢，它们比较喜欢利
用啄木鸟的弃巢，当然也会用一些自然腐蚀出来的树洞。它们选择的树
洞通常很高，但它们的生活又离不开水，所以这些巢只能选在离水源较
近的高大乔木上。选好巢址之后，所有营巢、产卵、孵卵及带孩子的任务，

就全都交给了雌鸳鸯，雄鸳鸯这个时候会跑到旁边的单身汉小群里面，只有偶尔在雌雄鸳鸯共同觅食的区域，它才会去跟自己的妻子交流一下。所以我们在艺术作品里经常能看到两只雄鸳鸯腻在一起也不是完全没道理的，这个场景的确可能出现，只不过99%跟爱情没什么关系就是了。研究人员观察发现，在雌鸳鸯孵卵的最初几天，雄鸳鸯也可能会在附近担任警戒任务，然而这样的日子持续不了多久，大概最多一周，它们就会不负责任地离开。但是即使它们不帮妻子带孩子，离开之后倒也很少去寻花问柳。

鸳鸯有种内巢寄生的习性，也就是说有一些鸳鸯会把卵产到其他鸳鸯的树洞里，让其他鸳鸯代为孵化。这大概也是一种"不把所有鸡蛋放在一个篮子里"的策略吧。

鸳鸯是早成鸟，小鸳鸯一出壳就可以站起来走动，甚至它们刚出壳没多久就可以跟着母亲从树洞口跳下去。如果是在天然的林地里，这些高大乔木下面会有厚厚的落叶，小鸳鸯跳下来也不会被摔伤甚至摔死。等平安落地以后，它们就会跟在妈妈身后，一起向水面跑去。鸳鸯游泳是一种本能，它们不需要学习，只需要跟紧妈妈不掉队就好了。这个时候，雌鸳鸯的领地意识和护幼行为变得非常强，它们不只不会允许其他的鸟类靠近，甚至连孩子们的亲生父亲都靠近不了。而且雌鸳鸯并不喜欢其他鸳鸯家的宝宝，当有一些跟自己亲妈走散的宝宝想要混到别的雌鸳鸯带着的队里的时候，它们通常会遭到无情的驱赶。

小鸳鸯只需要一个半月左右就可以长到和自己父母一样的体型。而这个时候，它们的父母都开始经历换羽。雄鸳鸯换羽的时间要早于雌性大概一个月左右，它们那华丽的饰羽会脱落得一干二净，身上看起来斑驳褴褛，如果不是有着鲜红的喙，它们混在雌鸳鸯群里几乎难以被分辨出来。这段时间，鸳鸯的飞行能力大受影响，可以说是鸟生中最危险的时刻。然而到了10月份左右，它们就会重新换上原来那流光溢彩的羽毛，然后准备和大部队一起飞到南方越冬。

当然鸳鸯的居留型并不是固定不变的。以北京为例，20世纪80年代，鸳鸯还只是很罕见的旅鸟，然而近些年来，已经有人观测到鸳鸯在北京的一些地方滞留不走，变成了留鸟。其实不只是鸳鸯，其他鸟类的居留型也是动态变化的。

随着人类活动的不断扩张，能够给鸳鸯提供理想繁殖地的自然环境越来越少。尤其在城区，自然的水域几乎看不见，都是两岸修有陡峭堤岸的人工河。而有高大乔木的地方，树下又常常无法积住落叶。受到种种影响，鸳鸯的野外种群越来越少，我国也将其列为国家二级保护动物加以大力保护。近些年来，在北京的很多地方，人们开始以悬挂人工巢箱的方式来为鸳鸯提供繁殖之所。

北京动物园的水禽湖，还有紫竹院公园和玉渊潭公园，其实都是在北京市内看鸳鸯最便利的地方。然而欣赏这些美丽的鸟儿的时候，经常会发生一些不美丽的事情。

我每次去北京动物园，经常会看到水禽湖边上有一些人就坐在"禁止投喂动物"的牌子边上，拿着一大堆乱七八糟的菜叶、面包、饼干……来投喂水禽湖里的鸟儿们。这时候就会有天鹅、鸳鸯或者赤麻鸭等鸟类过来啄食那些并不适合它们的食物。甚至有些更讨厌的人会往里面扔烟头。是以我每次去北京动物园都要在水禽湖边上一遍一遍地来回劝那些人，甚至还跟那些乱扔烟头、塑料制品误导鸟吃的人吵过架。但是一劝就没个完，架也仿佛吵不完似的。有时候我也觉得有点绝望，因为有些人刚刚答应你不再喂了，转头等你再走回来的时候会发现那个人又开始喂了。我不相信这些人都是不认字的，我也不相信这些人真的都不懂道理，因此我完全不能理解为什么他们就是不听劝阻，一定要继续这些错误的不文明的危险行为。每年各大动物园因为乱投喂而死去的动物都有很多。即使那些鸟儿没有立刻死去，那些零食里面大量的糖、盐和油也会严重损伤它们的肝脏和肾脏。前段日子还听说有个大妈直接把正在水中游着的小鸳鸯抓了上来，掐着脖子要往里面填面包，幸好旁边有一些生态摄影师正在拍鸟，赶紧上去劝阻才算把小鸳鸯救了下来。不知要到什么时候这些人才能学会不将自以为是的"爱"强加在动物身上。

鸳鸯 —— 鸭子树上住

褐翅鸦鹃

——又是“进补”惹的祸

褐翅鸦鹃是鹃形目杜鹃科鸦鹃属的鸟类。它们长得既像乌鸦，又像杜鹃。说它们像乌鸦，是因为它们的躯干部分主要是黑蓝色，还有和乌鸦一样又长又厚的大嘴。然而它们的腿特别短，脚趾又像杜鹃一样是两趾前两趾后的趾型，所以它们的站姿并不像乌鸦一样挺拔。而且它们的飞行能力也完全不能跟乌鸦比 —— 每次都是惊慌失措地起飞，快速拍几下翅膀，然后赶紧找一个新的落脚点仓皇落下，远不如乌鸦在空中飞翔时那么洒脱和自如。

　　一说到杜鹃，恐怕大家就会想起巢寄生。的确，杜鹃科的很多鸟类都是营巢寄生生活的，它们并不会自己筑巢，自己也不孵卵和育雏，而是把卵产在其他鸟类的巢中，让其他鸟类做自己孩子的养父母。然而褐翅鸦鹃却并不喜欢做这种事情，在筑巢带孩子的事上，它们还是喜欢自己动手丰衣足食。

　　褐翅鸦鹃是我国南方乃至东南亚多地的留鸟。每到二三月份，它们就开始为繁育后代忙碌。它们会选芦苇丛或者稻田，抑或灌丛或者多刺的乔木，然后用长的草叶和一些树枝编织在一起形成一个窝，在草丛中筑巢时，其选用的草叶有时还连在根茎上。褐翅鸦鹃每次大概会产三四枚卵。白天由小两口轮流孵卵，到了晚上一般只有一只会一直待在巢里，而另一只就在巢旁边守着。它们的小宝宝也是晚成性，出壳之后还需要父母继续喂养很多天。褐翅鸦鹃也是杂食性鸟类，各种昆虫、小型的节肢动物或者是两栖、爬行动物乃至于水果和谷物它们都会吃一点。但是在繁殖季节，它们的主食就是各种节肢动物，尤其是昆虫。可以说它们是典型的林业和农业益鸟。

　　　　　　　　　　　　　　　　　　　　那些我生命中的飞羽

然而这样一种生态意义重大的鸟类却命运多舛，甚至直到今天，它们仍然是很多人盗猎的对象。这还要从一种迷信的说法说起。

　　褐翅鸦鹃有一个中药名叫"红毛鸡"，过去人们认为它可以调经补血、滋阴通乳。当然，这种疗效并未被现代医学所证实。然而古人脑补出来的功效，却使人们一度曾经对它们展开了大规模的捕杀。即使新中国成立以后，南方人民仍然以讹传讹地认为红毛鸡大补，什么毛鸡酒、毛鸡汤纷纷出现。以至于20世纪60年代，两广地区一年捕杀的褐翅鸦鹃就可能达到10万余只。而这样的捕杀量持续了30多年。到20世纪90年代褐翅鸦鹃在我国的野外种群已经是濒危，并被提为国家二级重点保护野生动物。即使如此，仍然没有遏制住人们消费它们的欲望。现在我们去南方还是能在一些卖药酒的地方看到泡着整只褐翅鸦鹃尸体的酒罐子。它们那因为酒精导致蛋白质变性而变得惨白的眸子，仿佛死不瞑目般盯着外面，控诉着人类的愚蠢、贪婪和残忍。

　　这样的酒喝了能不能滋补我并不知道，但我知道这种浓度的酒精不能消毒，野生动物身上的所有细菌、病毒、寄生虫……通通都会被泡到酒里，而且还有可能存活很长一段时间。很多像褐翅鸦鹃或者猫头鹰这样的鸟类，既然是被活着泡进去了，那么它们临死之前的挣扎会导致大小便失禁。也就是说，这是一种泡满了尸体、虫子、粪便和各种病原微生物的酒。实在难以想象，在科学技术突飞猛进的时代里，居然还有人会认为这样的液体是补身救命的良药。它们治不了病，它们只会致病。

　　在国内我从来没有近距离接触过野生的活的褐翅鸦鹃，因为它们实在是太怕人了。仅有的几次接触是我到广东出差，抽空去保护区的时候，听到它们那特有的低沉的"booboo"叫声,离我还不近,等我慢慢蹭过去时,最好的情况也只是看到它们仓皇飞走的一个背影。而更多时候,我在国内看到的褐翅鸦鹃都是在野味市场,最好的情况也是被关在笼子里;而最差的,不是已经变成冰冷的尸体被摆在摊位上,就是已经被泡进了酒里。即便我做了这么多年的野生动物保护,经历了太多的生离死别,再看到这样的场景心中仍然无比地悲凉。而在斯里兰卡,褐翅鸦鹃根本就不怕人。它们可以飞到离人很近的地方,吃喝玩耍自如。甚至可以在离人只有十来米的地方做出求偶炫耀的行为。

想想和褐翅鸦鹃一样倒霉的野生动物其实并不少,穿山甲、黄胸鹀、黑熊、黄唇鱼还有墨西哥的石首鱼以及由此被殃及的小头鼠海豚……每一个都是因为子虚乌有的所谓疗效而遭到灭顶之灾。这么多年过去了,即使它们其中有一些已经被提到了国家重点保护野生动物的名录上,可实际上保护力度还是不够。要想从根本上扭转大家的陈旧观念仍是一场长期的战争,需要更多人的参与,更是一场与时间的赛跑。什么时候我国人民看到野生动物之后,不再光想着吃和占有,绿水青山才能保得住,我们也才能真正拥有金山银山。

　　　　　　　　　那些我生命中的飞羽

东方白鹳

—— 不眠之夜

东方白鹳是鹳形目的大型涉禽，体长120厘米左右，体重约4.5千克。它们有着长长的腿和喙。全身羽毛主要是白色，唯独翅膀外缘是黑色的。最初东方白鹳被视为白鹳的一个亚种，但两者分布区没有重叠，且东方白鹳的喙为黑色，而不是红色，分类学家综合考虑后，将其独立成一个物种。它们栖息于各种湿地，以鱼虾、两栖动物及昆虫等为食，目前全球种群只有3000只左右，为国家一级保护动物。

2012年11月11日，天津北大港湿地发生了一起40余只东方白鹳集体中毒事件。我和几位朋友参与了一线抢救。后来我在新浪微博上发了一篇题为"13只东方白鹳抢救记录"的长微博，记录下了当时的抢救情况，这是我这个懒人少有的几篇记录性文字之一。现在拿出来跟大家分享一下当时的惊心动魄。

11月11日我接到另一个动物保护组织的朋友的电话，当时是下午3点左右，我正堵在北京南三环主路上。她告诉我在天津北大港湿地有很多东方白鹳中毒，大概30到40只，在水面挣扎，有几只已经死亡。当地派出所的警察和我的好兄弟莫训强已经下水捞了好几个小时，由于中毒的东方白鹳尚能挣扎，湿地里水深泥厚，救助人员行进艰难，当时只救上来7只，其余的还在继续打捞中。给我打电话是问我救上来的这几只应该如何急救。

我告诉她首先要确认毒药种类，可以通过呕吐物去做毒理分析，但时间较长。如果没有办法确定是哪种毒，那只能注射阿托品来避免心跳停止和呼吸系统衰竭，等它们通过自身代谢将有毒物质排出。在药品到达之前要先对鸟进行灌液、催吐和保温。

那些我生命中的飞羽

朋友告诉我现场捡到了疑似装投毒用农药的包装袋,上面隐约印着"杀百威",并且有"有机磷"之类的字样……我提出用解磷定加阿托品治疗。不过很快她就再次打电话来说是"克百威"。这是呋喃丹,不能用解磷定,只能用阿托品生抗。当时天津市野生动物救护驯养繁殖中心的工作人员已经到现场了,但是由于从未遇到过这么大规模的野生动物集体中毒事件,药品不够用。大港派出所的警察已经陪同志愿者去市区医院开药了,可是由于湿地离市区较远,需要至少两个小时才能送到。当时能做的就只有灌液和催吐。

朋友说已经建议将所有的东方白鹳尽量转移到救护中心,先给救上来的这几只注射阿托品。彼时我并不知道,关于是否注射阿托品这件事,在救助人群中引发了争议。因为阿托品本身也是有毒的,打多了可能加速鸟的死亡,打少了不起作用,而当时带去的注射器不符合精确标准,大家也没有办法得知鸟的确切体重。我给的剂量也是根据东方白鹳的平均体重估算的,我只记得朋友急切地问了我好几遍阿托品的用量,现在想来当时她是顶着很大压力说服众人的。

在与朋友沟通的过程中,我还接到了正在病假中的单位领导的电话,信号很不好,我只听到她说:"如果方便的话,是不是过去看看……"但是没等说完电话就断了,后来也打不通。

大约6点半,我好不容易回到北三环的家,立刻拿上身份证去北京南站买票。在地铁上接到我的兄长康大虎的电话,他问我去么,我说我都在地铁上了。于是很自然我俩在南站碰了面,买了晚上8点20的票。

9点多到了天津南站,打不着车,我俩只好坐了辆"黑车"往救护中心赶，彼时第二批捞上来的 6 只东方白鹳也已经被送到救护中心，接受了灌液洗胃和第一针阿托品注射，警察叔叔们雷厉风行，已经把阿托品送到了。之前打电话联系我的朋友说其中几只状态很不好，我说那还要准备肾上腺素，防止呼吸停止。另外，中毒的鸟难以调节自己体温，也没有办法支撑躯干，需要用厚一点的垫子。

等我们到了救护中心的时候，发现工作人员们已经把几乎所有人用的电暖器都贡献给了东方白鹳，同时贡献出来的还有各种垫子、被褥、衣服……然而室温其实仍然不到 20℃。

东方白鹳们瘫在一间室内笼舍的地上，除了一只可以勉强抬起头部之外，其他几只都毫无反应，我用手电试了一下，最严重的一只已经看不出瞳孔光反射了。触诊龙骨突下缘，所有个体的心跳都弱而缓慢，而且还有心律不齐。

警察叔叔带着现场取到的证物回了派出所，只剩下救护中心的工作人员和我们这些志愿者。救护中心的戴主任让大家商量一下下一步如何分配工作。我们决定分组：康大虎带两组人和一部分急救药品到现场蹲守，看是否能够抓到不法分子，并尽量找出和清除毒源。兄弟单位的朋友认为应该继续尝试捞起中毒的鸟儿，但是我们分析了一下湿地环境条件，觉得夜间搜救非常危险，我们的装备也不够，所以决定第二天天一亮再开始搜救剩下的二十几只东方白鹳。而救护中心的杨师傅和我则留在中心为这 13 只奄奄一息的个体急救和护理。

我们让 8 只体征比较稳定的待在"普通病房"，另外 5 只危重的待在"加护病房"。普通病房的"病号"们每两个小时给一次阿托品，补液并灌服维生素 B 和 C。加护病房的"病号"们有 4 只需要每隔一小时给一次药，有一只心跳停了 4 次，最长一次停了 5 秒以上，幸好鹳形目的心脏离龙骨突下缘很近，可以通过直接按压进行心肺复苏术。如果换成猛禽，在没有呼吸机和氧气瓶的情况下恐怕就回天乏术了。阿托品在这个可怜的孩子身上也变成了半小时注射一次。中间有一次我不得不对它进行人工呼吸，然而没有呼吸机怎么办？事急从权，用嘴直接吹。因为鸟类的气管开口是在舌根处的，几番尝试之后，我干脆把它的舌头拉出一点，偏向一侧，然后直接对着气管开口吹了下去。当然，我也吃到了它的呕吐物，又腥又苦。我顾不得考虑禽流感之类的东西，只要看到它慢慢恢复了自主呼吸，我想哪怕得什么传染病我也认了（当然，这是十分危险的操作，切勿模仿）。因为野生动物在黑暗的环境下应激比较小，每次给药我们都不敢开大灯，杨师傅举着手电，光是向天花板照的，让我勉强能看清注射器的刻度。我拿着碘伏和酒精棉，端着一大堆针管来给它们注射。注射完这一轮，立刻就要回办公室准备补液的温生理盐水和维生素，以及下一轮要注射的阿托品。

办公室和病房并不是挨着的，中间隔着一个空场，还有室外笼舍。笼舍的一边有几只白尾海雕和很多别的野鸟。另一边则是雁，还有几只番鸭。那几只雁只要一看我出来就兴奋地跟着我走来走去，番鸭跟在雁后面，因为腿短，总是落后。但不妨碍它们"嘎、嘎、嘎"地开心叫着。这热闹的场景把旁边老乡家的狗都给吸引了过来，站在空场上好奇地歪着头看我。

当时天津野生动物救护中心还有只被警察罚没下来的蜂猴，因为牙被异宠爱好者残忍地拔光了，也不能放归自然，只能一直在救护中心养老。蜂猴是热带动物，本来它的笼舍里是有电暖器的，结果为了给东方白鹳急救，这几个电暖器都被挪用了。我想起蜂猴的存在之后赶紧去看了一下，一打开病房的门，就见到小家伙可怜巴巴地趴在门边，缩成一团，四肢都冰凉冰凉的。眼瞅着这样下去明天东方白鹳可能会得救，蜂猴就可能要牺牲了。我想反正我都亲过东方白鹳了，也不在乎再感染什么别的病。一不做二不休，我拿了条绳子在腰上缠了几圈，这样我的羽绒服就变成了一个大大的兜子。然后我把蜂猴小心地从门框上取下来，塞进自己怀里。不多一会儿，它感受到了温暖，开始舒展身体。我能感觉它的小手轻轻地拉了拉我的毛衣。我把羽绒服领子拉开一点，低头一看，它也在抬头跟我对视，然后又把脸埋进我的胸前。我的天呐，那一瞬间我的心都融化了。随后这只蜂猴就跟着我跑进跑出，一直乖乖地在我的衣服里待着，不吵不闹。

凌晨 1 点 40 分左右，普通病房的一只东方白鹳可以用跗跖支撑站起来了。

凌晨 3 点 20 分左右，普通病房的另一只东方白鹳心跳变强，很规律，也可以支撑头部了。可是加护病房那个心跳曾停止过的个体又感受不到心跳了。

凌晨 4 点半左右，普通病房的所有东方白鹳都能抬起头来了，之前蹲着的那只正试图站起来。此时加护病房的 5 个个体还都只能伸长脖子瘫在地上。

早上 6 点左右，奇迹出现了。普通病房有 4 个个体站了起来，其他

4 个和加护病房的 4 个也都能抬头了，而那个危重个体也已经差不多 3 个小时都没有再出现心跳停止了。我本来想拍个图，奈何在不用闪光灯的条件下，我的手机只能拍到一片漆黑……我兴高采烈地给朋友打了个电话，获得了一个更好的消息 —— 更多的志愿者和林业工作人员都在赶来的路上了。这时，救护中心的工作人员刘洋带我去市区给这些东方白鹳买了小鱼和厚泡沫板。

上午 10 点左右，所有东方白鹳的体征都稳定了，有 2 只已经可以来回走动，另外有 6 只也可以站起来了。

上午 11 点半，我又接到朋友的电话，说湿地那边发现几只东方白鹳的尸体，还没有发现毒饵。湿地的中心地带发现十几只东方白鹳有翅膀下垂、精神沉郁迹象，但是人们无法靠近。大虎兄长通过观察，认为这十几只可能中毒了但是不那么严重，需要观察几个小时，如果其间没有恶化 —— 比如出现共济失调性步态，那么它们应该可以在天黑前将毒代谢出去，便不用将它们带回来，减轻对动物的干扰同样是一种重要的保护方式。

下午 1 点左右，全体东方白鹳都可以站起来了，新的电暖器也来了。我把蜂猴放回笼舍，吃过中心的"大锅饭"去午睡了一会儿。

下午 3 点左右，闹钟响了，又到了补液时间，我一出房间都傻了，突然来了那么多媒体，有报社有电视台，刘洋被采访得无暇他顾。我忍了一会儿还是冒着被记者们仇恨的风险拉他来给东方白鹳们补液了。随着体能的恢复，这些家伙再不是老老实实任我摆布的小可怜，而是想将我们武力驱逐出境的"暴徒"，补液成了必须要两个人合作才能完成的工作。饶是我经验丰富，还是为了保护贸然闯入的记者被一只东方白鹳狠狠啄了几口，右手虎口被啄得鲜血淋漓。我举着那只伤手对不请自来的记者说："这是病房，麻烦您出去等吧。"

折腾了一个多小时，我们才完成了所有的补液和挪笼。刘洋和我给状态最好的那一组放了些小鱼。

下午5点15分，有一只最强壮的个体不小心踩翻了食盆，小鱼随水流到了地上，被它以迅雷不及掩耳之势吃光了，另外几只东方白鹳只有眼馋的份儿。这无疑是个令人振奋的消息，我也终于放下心来。接下来的护理和营养支持不需要那么多人了，我和大虎兄长便安心回京。

此事在微博上受到了大家的鼓励和表扬，让我感到无比温暖和充满力量。后来得知莫训强一直在为11日没有捞上更多的东方白鹳自责，我不知道怎么安慰他。但我以前在湿地里救过天鹅，深知每一步都是需要付出极大的体力和勇气，因为稍有不慎，人就回不来了。想想大虎他们黎明时顶着寒风下水，要踢破2厘米厚的冰层才能迈步，我就觉得自己小腿都疼了。我在天津的时间都是在救护中心度过的，没有去湿地，没有和大虎兄长还有莫训强他们并肩战斗，颇有些遗憾。更遗憾的是，在那之后，再没有发现仍然活着的中毒的东方白鹳。21只东方白鹳和很多别的水禽，在那片不再宁静的芦苇荡里，永远地沉睡了。

后来，那13只获救东方白鹳还有天津野生动物救护中心之前收容的一只东方白鹳被成功放飞。而死去的21只东方白鹳被做成标本，安放在天津自然博物馆里。每次我去那里，看到它们栩栩如生的样子，总能想到那个不眠夜。再后来，我的好兄长康大虎去世了，从此跟我们一起跑

那些我生命中的飞羽

野外拆鸟网、协助森警执法、向公众宣传科学理念的野保斗士又少了一位。他留下了一个"大虎自然商店"，里面有很多自然科学书籍，还有博物学的藏品，他的遗志就是让更多公众了解自然、尊重自然。这个遗志，我们会好好继承。

鸟妈妈会抛弃被人碰过的小鸟吗

我们常常听到这种传言："不要去摸小鸟，如果你的气味沾到小鸟身上，被鸟妈妈闻到的话，她就不会要这个孩子了。"

这一传言或许来源于人类对某些哺乳动物杀婴行为的观察，例如狮子或老鼠母体对沾染上异味的幼崽会弃之不理甚至咬死吃掉。这是因为气味是哺乳动物辨认亲缘关系的重要标识之一。那么鸟类是否真的会因为人类的气味沾染到自己的幼鸟，而放弃这一次的繁殖投资呢？

我们要先从鸟类的嗅觉说起。曾经有人认为鸟类嗅觉非常弱，但这一结论很快被推翻。研究表明很多鸟类不仅对气味敏感（海雀、信天翁、秃鹫、椋鸟等），甚至可以闻到我们难以察觉的外激素（虎皮鹦鹉、白腰文鸟等）。那么，对于"鸟类是否可以闻到人类气味"这个问题，答案是肯定的。只不过鸟类辨识自己儿女并不是以气味为主要依据，而主要靠外形和声音（有些种类的鸣禽父母甚至和雏鸟之间有一套"暗语"），所以即使是沾染了人类气味的雏幼鸟，它们仍然会继续哺育。

如此说来，是不是我们就可以随便去触摸幼鸟了呢？

答案却是否定的。

最近有一个词渐渐进入大家的视线 —— 应激（stress），这个词由西利（Selye）于 1936 年最先提出。当时他给这个词的定义是"机体对外界或内部各种非常刺激所产生的非特异性应答反应的总和"，后经完善成为"稳态应变（allostasis）"——"机体通过变化积极维持稳态的适应过程"。大多数时候，一旦机体处于应激条件下，就可能出现生长受阻、繁殖力下降、免疫力下降、行为异常等损伤，这是机体为了保证其基本的生命活动所必须付出的代价。

对野生动物来说，"人类（天敌）的出现引发的惊吓"就是导致其应激的因素，处于繁殖期的雌性动物更会出现极端行为，比如筑巢期及产卵期的鸟类如果频繁受到骚扰会弃巢，因为它们觉得这个巢址不安全，即使把后代产下或孵出来，也不会成活，白白浪费繁殖成本，不如尽早另觅新居。而育雏期的亲鸟们表现得会稍微平和些，它们会继续哺育自己的后代 —— 这是由于前期已经投入了太多的资源和时间成本，并且也来不及再生一窝了。在本书前面，我曾介绍过由于巢被毁而连同 8 只雏鸟一起被送到救助中心的纵纹腹小鸮母亲仍然继续哺育自己孩子的案例。

尽管看上去孩子们没有被抛弃，但人类的干扰会影响亲鸟的育雏节律，它们需要花更多的时间来"站岗"，而无法出去找寻更多的食物，这同样会导致成活率降低。同时，如果人的接触过于频繁和亲密，还有可能引起另外一个问题 —— 印痕行为。

我们常常发觉小鸡小鸭如果出壳后第一眼看到的是人类，就会一直跟在人类后面，把人类当成自己的母亲。这就是"亲子印痕"的一个例证。

简单来说，印痕行为就是在动物生命早期建立起来的一种长期有效（不可逆）的学习行为。这一行为会影响动物对父母、配偶、天敌、栖息地等的认知。而这一行为的敏感度随着年龄增大而变弱。

由此可知，如果鸟类在幼雏阶段与人类过多接触，很有可能导致其对人类"脱敏"并形成依赖，进而失去野外生存的能力。更有甚者，有些被人类养大的鸟会将人类作为求偶对象，做出许多令人哭笑不得的事情。

我们希望每一只野生动物能够有正常的行为和生命轨迹，希望每一只野生动物都承担其生态功能，维持生态平衡。

所以当我们捡到坠巢的雏/幼鸟时，如果能放回原巢或其同类的巢是最理想的。无法放回的话，可以在附近找一个相对高些的地方，将雏鸟安置在那儿，亲鸟会继续哺育它。当雏鸟已经摔伤或周围环境非常危险——比如贴近公路和居民区，流浪猫狗较多等等，请将它们安置在垫好厚毛巾的纸盒内，尽快联系当地森林公安和野生动物救助中心等相关单位进行救助。

野生动物的科学放生

一、放生最低标准

1. 无论最初的还是继发的伤病都完全康复。

2. 没有任何疾病活跃的症状。

3. 皮毛或羽毛形态功能完整，不影响野外生存。

4. 视力正常，能够自如抓取食物。

5. 各项实验室指标正常（如血比容、血细胞形态、白细胞值、生化值等等）。

6. 具备正常的活动能力和行为。

7. 能够自主采食。

8. 具备该物种应有的行为（印痕行为、刻板行为都是不正常行为）。

9. 年龄适于野外独立生存。

10. 体重达到该物种、该性别、该年龄、该季节的正常标准。

二、放生环境的选择

每种动物都有其特定的栖息环境。

放生应该本着"哪来哪去"的原则。

要考虑放生地区该物种的野外密度。

考虑人类活动、天敌以及长期食物供给等因素对动物的影响。

如果无法确定动物来源地，应首先查阅专业书籍或咨询野生动物专业机构，然后根据该动物的生态习性、分布信息以及对栖息环境的要求等确定最佳释放地点。本地没有分布记录的动物应该送往原分布地释放。

三、放生时间的选择

迁徙性动物，尤其是鸟类，应根据其迁徙状态在迁徙路线上释放。

错过迁徙的动物应该送往其目的地或在救助中心等待下个迁徙季节到来时释放。

为使动物有更多时间熟悉和适应周围环境，昼行性动物应选择早晨或上午释放，夜行性动物应该选择下午或黄昏释放。

雨、雾、大风、降温等恶劣天气不进行放生活动。

四、放生方式的选择

放生陆生野生动物一般可以直接打开运输箱让其自行走出。

放生鸟类可以打开运输箱令其自主飞出；或将其放到地面上，人退开，使其自行离开。

水生动物可以将运输桶浸入水面以下，将桶倾斜，使水生动物自行游出。

五、盲目放生的危害

刺激野生动物非法贸易。

导致放生的野生动物大批死亡。

引发外来物种入侵。

致使疾病传播。

造成基因污染。

后记

前面讲了很多鸟的故事，现在我来说说人。

第一个要说的人，他和我一样，是爱鸟护鸟之人，他是我的兄长，我的榜样，我的领路人。他叫康大虎，我叫他"虎哥"。

我与虎哥相识是在 2003 年，在一个电话里。那一年，我的一位学长毕业，他执意要去老少边穷地区支教，临走时跟我说："你这么喜欢动物，北京刚成立了一个猛禽救助中心（IFAW-BRRC），你应该会喜欢，如果你要去当志愿者，找康大虎吧。"于是我拨通了虎哥的电话，第一次听到他的声音，底气很足，又很敞亮，是那种让人听了就觉得踏实坚定的声音，他说："那你过来吧。"那一年我认识了康大虎，认识了BRRC，找到了我的路。

后来，我大学毕业，直接到 BRRC 当了猛禽康复师，而虎哥还是在做这里的志愿者。

他是 BRRC 最早加入的志愿者，直到去世，他仍是。

我数不清虎哥帮 BRRC 做了多少事。然而直到他离去了，我想回头去找他在 BRRC 留下的痕迹时，却发现他并没有留下多少照片给我，有的只是关于桩桩件件大大小小的事情的记忆。

　　　　　　　　　　　　那些我生命中的飞羽

2009 年我们去农大附小宣教，虎哥穿着猫头鹰玩偶衣进行表演。那天的活动持续了整整一下午，当时他配合演示猛禽受伤和得到救治的过程，小朋友们特别喜欢他，所以他也只好一直穿着玩偶衣陪小朋友做游戏，等活动结束的时候全身的衣服都被汗浸湿了。

2011 年 2 月 5 日，正月初三，那天只有我一个人值班。突然接到电话，怀柔区喇叭沟门有只金雕需要救助，大型猛禽又有伤病，我一个人完全没法处理。幸好虎哥那天有空，他又不放心我一个人开车走雪后的山路，就赶到 BRRC，陪我一起去接金雕。他说："正好磨炼下你的车技，别着急，放心开。"那一天的确是险象环生，140 多公里的路我开了将近 3 个小时。其间由于某段路正在翻修还没有来得及安放警示标志，车还掉进坑里一次，虎哥的头撞到了车顶，但是他完全没有责怪我，只叫我小心点继续开。一到了救助人家里，我就迫不及待去抱金雕，虎哥帮我拍了张照片留作记录。

等回到 BRRC，虎哥又帮我给金雕做各项体检和支持治疗，还帮我拍了许多照片。只在最后，他抱着金雕，让我用他的手机给他拍了一张照片。

虎哥不仅帮我们，他的天性似乎就是喜欢天南海北地帮人忙，他不是在帮忙，就是在去帮忙的路上。

2012 年 11 月 13 日，天津有 40 多只东方白鹳以及许多别的鸟类中毒。那天下午，虎哥第一时间给我打电话："知道了么？"我说："知道了。"虎哥："那赶紧走啊。"我们在火车上讨论了许多的可能，一到天津野生动物救护中心，他就立刻和天津志愿者、森警还有蓝天救援队的兄弟一起去湿地继续搜救，一夜，又一天，直到第二天下午才回到救护中心。

这样的事情于我是毕生难忘的经历，可于虎哥却算是稀松平常了。

虎哥20年前就是"自然之友"的会员。这20多年，虎哥去过很多地方，救了很多动物，还教了很多人怎样保护动物。

虎哥有"自然商店"，店里有许许多多精致的可爱的动物手办、模型、毛绒玩具，还有书。他家就是个宝库，且包罗万象。每次我去他家，一叹自己见识少，二恨自己钱包瘪。这样的虎哥看上去像个商人，可他却全无商人那种瞻前顾后、和气生财的圆滑。看到有人非法捕捉、贩卖或饲养野生动物，他绝对要去"怼"几句；遇到本应该专业的人员办了很不专业的事，他也一定要批评一下。他可能会很客气，但是绝对不姑息。或许有人认为这样的虎哥肯定仇人遍天下，但事实恰恰相反，他有数不清的朋友。他的话可能听上去很"扎心"，却通常都很有道理。

虎哥喜欢那种潜移默化、寓教于乐的自然教育，他想带给公众一个有趣的自然世界，然后让大家知道如何继续发现自然的美，知道珍惜，知道保护。但是他唯独不知道珍惜自己的健康。

2013年，虎哥和我一起去广西参加鸟类保护会议的时候，就已经有身体不适，我跟他说好好去做个体检，他满口答应，却仍然天南海北地到处跑。

2014年，他跟我说检查出来有个膈肌占位，我问他要不要考虑做个手术，他说他会考虑，然后又跑到各个NGO当义工去了。

这一拖，就拖到他倒下，而后，竟成天人永隔。

我从未想过像虎哥那样精神百倍干劲十足的汉子，会这样离开我们。如此突然，在我满心以为他已经战胜了病魔的时候。明明3月的时候还跟他一起吃了饭，5 月的时候他还送了我一本书。他说他只是不能剧烈运动，只要定期去复查就好了呀。

2016 年 8 月 25 日 17 时 15 分左右，我看到微信里那个让我拒绝相信的消息，我四处去求证，只希望谁出来告诉我这是假的，可最后大家都说这是真的。

我知道有很多人跟我一样，在很长一段时间里以泪洗面，脑海里被虎哥的音容笑貌占满。一定也有很多人跟我一样，希望如果有下辈子，还能和虎哥做兄弟。

可是这辈子，属于我们的这个小世界的一根支柱崩塌了……我等无女娲补天之力，唯有各自鞠躬尽瘁，以慰虎哥在天之英灵。

第二个要感谢的是我的好朋友，台湾的观鸟爱好者黄咏证先生。

私下里我总是半开玩笑地称他为"大神"，而他笑呵呵地说幸好我不是叫他"大仙"。我为什么叫他"大神"呢？因为最初认识他的时候，觉得他几乎认识全世界的鸟，叫得出所有鸟的中文标准名、英文名和学名，简直是个神人！后来又发现他会的远不止认鸟这么简单——他养鱼，他绘画，他用各种画法记录所见的生境和里面的生灵，当然，也会画他的朋友们，均惟妙惟肖。他还画了我放鸟的素描，我准备当传家宝好好保存。

我和他是通过网络自媒体平台认识的。五年前我搞了个关于鸟类的有奖问答游戏，而他在我刚发出图的时候就给出了所有正确答案，这让我确定他跟我一样是观鸟爱好者，而且当时我直觉他认的鸟比我多。说来，当时我那个有奖问答设计得十分简单粗暴，就是放了鸟的照片，让大家来猜鸟种——本意是想让每天窝在钢筋水泥世界里的朋友们欣赏一下自然之美,对观鸟产生些兴趣。没想到吸引了黄先生这样的观鸟前辈来参加。他一点也不嫌弃我这个游戏简单,也不嫌奖品做得粗糙,他兴致勃勃认真答题的态度让我自惭形秽起来 —— 我才认多少鸟,就这样得意洋洋地好为人师了呢?黄先生却告诉我,他认为这样的游戏是很好的科普方式,鼓励我多做尝试。随后我们聊了起来,居然发现有很多共同的朋友,于是就这样结下了友谊。

黄先生总是笑呵呵的,不急不恼。如果说虎哥让我每每热血沸腾、鼓足勇气,那么黄先生带给我的就是理性分析和冷静思考。每次我有认不准的鸟或者压根儿不认识的国外鸟种,就会拿去问他,而他基本是有问必答;而每当我因为野生动物被盗猎滥杀、非法饲养而悲愤心痛时,黄先生也经常在第一时间来安慰我、鼓励我;甚至于有时候我心烦意乱,去他微博看一看他的"画鸟九宫格",很快就能平静下来。其实黄先生从来不会指导我该怎样做或怎样看问题,但每每他一些风趣幽默的话又能让我很快理清思路。这几年我的心态越来越平和,很大程度上要感谢黄先生的润物无声。

接下来要感谢的是姜蔚妹子。

姜妹子并不是观鸟爱好者,也不是专业的野生动物保护人员。其实我并不知道她的真实职业是什么,但我知道她有一双巧手,还有一颗仁心。最初,我在自媒体平台上见到有人仍然鼓吹杀害野生翠鸟来制作点翠首饰,气不打一处来。传统点翠的残忍和对翠鸟种群的破坏我在本书的"普通翠鸟"一节已做介绍,这里不多赘述,可恨的是这样容易损坏难以保存的东西,竟被一些别有用心之人吹嘘成"永不褪色、材料珍贵、可以升值"来炒作其价格 —— 即使他们明知道现代点翠早有很多替代工艺和替代材料，即使他们知道翠鸟都是受法律保护的。奸商们编造了一个又一个谎言，试图蒙骗不明真相的公众相信他们没有伤害翠鸟、没有违法。但是，怎么可能？因为他们的需求，近几年大量翠鸟被盗猎和走私，他们不仅在伤害翠鸟，连其他跟翠鸟颜色相近的鸟类，都逃不过他们的残害，其中包括蜂虎和佛法僧。因为点翠，我在自媒体平台上跟奸商和点翠追捧者们交锋无数次，而姜妹子就是我在这无数次"战役"中发现的一股清流。

姜妹子做仿点翠，但她并不拘泥于一种形式，她尝试过用真丝刺绣，还首创了化纤丝带抽丝法。在她的巧手下，这些仿点翠制品无一不精美又无一不环保。然而她做出的精品恰恰挡了那些手艺不怎么样光想靠炒作材料价值捞钱的奸商的财路。我认识她的时候，她已经被奸商们颠倒黑白地攻击了一年多了。他们说她之所以批评真点翠残忍是为了卖自己的仿点翠，污蔑她撒谎和抄袭。但是明眼人都看得到 —— 姜妹子不仅没有卖过任何仿点翠制品，连她自创的仿点翠制法教程都是无偿分享给大家学习的。在她的带动下，越来越多的人认可了"点翠工艺应该传承，但材料必须改良"的观点，更有很多人用化纤抽丝法做出了带有各自独特风格的仿点翠制品。

我没有见过姜妹子的面，但看了她的很多原创手工作品，有仿点翠，有仿生花，均美不胜收。给我的感觉，她应该是个内心安宁的妹子，但她为了保护翠鸟跟奸商们据理力争时又有"虽千万人吾往矣"式的勇猛顽强。

其实这一路走来，我要感谢的人远不止这三个朋友。

如果不是父亲的引导和母亲的纵容，我不会发现观鸟的乐趣。你看这些山、这些水，乍一看只是一片风景，可只要你愿意倾听鸟鸣，拿起望远镜仔细寻找，总会发现藏在里面的小生灵。

　　大学的时候，我学的其实是工科专业。如果不是参加了"根与芽"的活动，恐怕我对环境保护、生态保护仍然一知半解。若不是得到学长指引，来到北京猛禽救助中心做志愿者，我怕是也找不到自己应该走的路。一晃眼，我工作十年了，算上之前做志愿者的日子，经手了几千只猛禽的治疗、康复、放飞工作，再算算私下里巡护拆网还有机缘巧合下救助的别的动物，差不多几万只了。流过血，流过泪，暴跳如雷过，撕心裂肺过，垂头丧气过……但没有放弃过。看着康复的动物从我打开的箱子里一跃而出奔回大自然的每一个瞬间，都让我觉得自己没白活。我身边的朋友、伙伴越来越多，愿意和我一样从事野保行业的有识之士也越来越多。在老牌的环保组织如国际爱护动物基金会、"根与芽"、"自然之友"，还有近几年成立的如中国猫科动物保护联盟等各位同行的努力下，越来越多的物种受到关注，越来越多的生态保护知识正在被普及到大众视野里。

　　我知道我们不可能改变所有人，但总有人能够明白生态保护的重要性并愿意为此做出改变。只希望大家能改变得早一些，因为有些物种……等不及了。

　　　　　　　　　　　　　那些我生命中的飞羽

附 图

虎哥等人在表演节目（中间穿猫头鹰玩偶服的为虎哥）

虎哥帮我拍的工作照

虎哥和救助的金雕

katty_katty 用染色化纤丝制作的仿点翠

katty_katty 用彩线制作的仿点翠

太常引—绯月制作的仿点翠

太常引—绯月制作的仿点翠

黄胸鹀，黄咏证创作的素描作品组图